CAMBRIDGE LIBRARY COLLECTION

Books of enduring scholarly value

Earth Sciences

In the nineteenth century, geology emerged as a distinct academic discipline. It pointed the way towards the theory of evolution, as scientists including Gideon Mantell, Adam Sedgwick, Charles Lyell and Roderick Murchison began to use the evidence of minerals, rock formations and fossils to demonstrate that the earth was older by millions of years than the conventional, Bible-based wisdom had supposed. They argued convincingly that the climate, flora and fauna of the distant past could be deduced from geological evidence. Volcanic activity, the formation of mountains, and the action of glaciers and rivers, tides and ocean currents also became better understood. This series includes landmark publications by pioneers of the modern earth sciences, who advanced the scientific understanding of our planet and the processes by which it is constantly re-shaped.

Tableaux de la nature

Alexander von Humboldt (1769–1859), 'the greatest scientific traveller who ever lived' according to Darwin, made groundbreaking contributions to the fields of geography, oceanography, climatology and ecology. In 1804, he returned from a five-year exploration of Latin America with an incredible wealth of specimens and data which provided the foundations for his theories on the natural order. He expounds them in this book, which was printed in German in 1808 before being translated by the geographer Jean-Baptiste Benoît Eyriès (1767–1846) and published in French in 1828. Humboldt does more than provide descriptions of the great features and phenomena of the Earth, ranging from the geological character of immense plains and steppes to the structure and action of volcanoes. He combines a rigorous scientific approach with his emotional and aesthetic responses to the natural world, thereby constructing a true 'philosophy of nature'.

Cambridge University Press has long been a pioneer in the reissuing of out-of-print titles from its own backlist, producing digital reprints of books that are still sought after by scholars and students but could not be reprinted economically using traditional technology. The Cambridge Library Collection extends this activity to a wider range of books which are still of importance to researchers and professionals, either for the source material they contain, or as landmarks in the history of their academic discipline.

Drawing from the world-renowned collections in the Cambridge University Library and other partner libraries, and guided by the advice of experts in each subject area, Cambridge University Press is using state-of-the-art scanning machines in its own Printing House to capture the content of each book selected for inclusion. The files are processed to give a consistently clear, crisp image, and the books finished to the high quality standard for which the Press is recognised around the world. The latest print-on-demand technology ensures that the books will remain available indefinitely, and that orders for single or multiple copies can quickly be supplied.

The Cambridge Library Collection brings back to life books of enduring scholarly value (including out-of-copyright works originally issued by other publishers) across a wide range of disciplines in the humanities and social sciences and in science and technology.

Tableaux de la nature

*Ou, Considerations sur les déserts,
sur la physionomie des végétaux,
et sur les cataractes de l'Orénoque*

A LEXANDER VON H UMBOLDT
T RANSLATED BY J.B.B. E YRIÈS

CAMBRIDGE
UNIVERSITY PRESS

CAMBRIDGE UNIVERSITY PRESS

Cambridge, New York, Melbourne, Madrid, Cape Town,
Singapore, São Paolo, Delhi, Mexico City

Published in the United States of America by Cambridge University Press, New York

www.cambridge.org
Information on this title: www.cambridge.org/9781108052757

© in this compilation Cambridge University Press 2012

This edition first published 1828
This digitally printed version 2012

ISBN 978-1-108-05275-7 Paperback

TABLEAUX
DE LA NATURE

ou

CONSIDÉRATIONS

SUR LES DÉSERTS, SUR LA PHYSIONOMIE DES VÉGÉTAUX,
SUR LES CATARACTES DE L'ORÉNOQUE,
SUR LA STRUCTURE ET L'ACTION DES VOLCANS DANS LES DIFFÉRENTES
RÉGIONS DE LA TERRE, ETC.

Par A. DE HUMBOLDT.

TRADUITS DE L'ALLEMAND

Par J. B. B. EYRIÈS.

TOME PREMIER.

PARIS,

GIDE FILS, RUE SAINT–MARC–FEYDEAU, N° 20,
ÉDITEUR
des *Annales des Voyages.*

1828.

PRÉFACE

DU TRADUCTEUR.

━┅➤➔⊕◅┅━

LES TABLEAUX DE LA NATURE par M. de
Humboldt, publiés en 1808, obtinrent en
Allemagne le succès le plus flatteur. Le nom
de l'auteur et l'art avec lequel il avait uni,
dans ce sujet intéressant, une éloquence bril-
lante à des connaissances profondes, durent
faire espérer que cet ouvrage ne recevrait pas
en France un accueil moins favorable; cette
attente fut justifiée. Je m'étais efforcé de rendre ma traduction digne de l'original; M. de

Humboldt en consentant à revoir mon travail,
lui avait donné par là, une sorte de sanction
qui était pour moi un gage presque assuré de
l'indulgence du public : en effet, je fus assez
heureux pour la mériter.

En 1826, M. de Humboldt a fait paraître
une nouvelle édition de son ouvrage; elle
offre plusieurs changemens et des additions
importantes qu'exigeaient les progrès des sciences naturelles et de la géographie dans une période de dix-huit ans; cette édition contient
aussi deux morceaux que l'auteur avait publiés séparément. Il a eu l'extrême bonté de
m'inviter à les traduire, et avant son départ
pour Berlin, il a examiné mon travail et l'a
honoré de son approbation. Quoique ma traduction eût été accueillie avec une bienveil-
lance dont je ne puis assez hautement témoi-

gner ma vive gratitude ; toutefois, en la reli-
sant, avec attention, j'y ai reconnu plusieurs
fautes; je me suis attaché à les faire disparaître, et j'ose croire que cette production ainsi
corrigée , sera jugée avec la même faveur
qu'elle le fut lorsqu'elle parut pour la première fois.

Il est à propos de prévenir le lecteur que
M. de Humboldt, à moins qu'il ne l'indique
autrement, fait toujours usage des mesures
françaises , et que la lieue qu'il emploie, est la
lieue marine de 20 au degré.

Paris , 15 décembre 1827.

CONSIDÉRATIONS

LES STEPPES

LES DÉSERTS.

Au pied de la chaîne de montagnes de granit qui résista à l'action violente des eaux, quand au premier âge de notre planète, leur irruption forma le golfe du Mexique, commence une vaste plaine qui s'étend à perte de vue. Lorsque l'on a laissé derrière soi les vallées de Caracas et le lac de Tacarigua parsemé d'îles, et

dont les eaux reflètent l'image des bananiers dont il est entouré ; lorsque l'on a
quitté les campagnes ornées par la tendre
verdure de la canne à sucre de Taïti, ou
les bosquets ombragés par l'épais feuillage
des cacaotiers, la vue se porte au sud sur
des *steppes* ou déserts qui s'élèvent insensiblement, et terminent l'horizon dans un
lointain sans bornes.

En quittant ces lieux où la nature prodigue la vie organique, le voyageur frappé d'étonnement entre dans un désert dénué de végétation. Pas une colline, pas
un rocher ne s'élève comme une île au
milieu de ce vide immense. La terre présente seulement çà et là des couches horizontales fracturées, qui souvent couvrent
un espace de deux 'cents lieues carrées et
sont sensiblement plus élevées que tout ce

qui les environne. Les naturels du pays
les appellent des *bancs* [2] et semblent par
cette expression deviner l'ancien état des
choses, lorsque ces élévations formaient
des écueils de la grande mer intérieure
dont les *steppes* étaient le fond.

Encore aujourd'hui une illusion noc-
turne nous retrace souvent ces grands
traits du monde primitif. Quand à leur
lever et à leur coucher les astres brillans
éclairent le bord de la plaine, ou quand
leur image tremblante paraît doublée [3]
dans la couche la plus basse des vapeurs on-
duleuses, on croit y voir l'océan sans bornes. Ainsi que l'océan, les *steppes* remplissent l'esprit du sentiment de l'infini. Mais
l'aspect de la mer est embelli par le per-
pétuel roulement des vagues écumeuses;
tandis que semblable à la pierre nue [4],

enveloppe d'une planète désolée, le désert dans sa vaste étendue, ne présente que le silence et la mort.

Dans toutes les zones, la nature offre de ces plaines immenses; dans chaque zone elles ont un caractère particulier et une physionomie déterminée par leur élévation au-dessus du niveau de la mer, et par la différence du sol et du climat.

Dans le nord de l'Europe on peut considérer comme des *steppes* ces bruyères qui sont couvertes d'une seule espèce de plantes dont la végétation étouffe celle des autres, et qui s'étend depuis la pointe de Jutland jusqu'à l'embouchure de l'Escaut. Mais ces *steppes* peu étendues et parsemées de collines ne peuvent se comparer aux *llanos* et aux *pampas* de l'Amérique méridionale, ni aux savannes du Missouri[5] et du fleuve Mine de Cuivre, où errent le bison au poil floconneux, et le petit bœuf musqué.

Les plaines de l'intérieur de l'Afrique développent un aspect plus grand et plus imposant. Comme la vaste étendue du *grand océan*, ce n'est qu'à une époque encore récente qu'on s'est hasardé à les parcourir. Ces plaines font partie d'une mer de sable qui, à l'est, sépare des régions fertiles, ou qui les entoure entièrement comme des îles ; tel on voit le désert voisin des monts basaltiques d'Haroutch[6], où l'oasis de Siouah, riche en dattiers, recèle les ruines du temple d'Ammon, indices vénérables d'une ancienne civilisation. Aucune rosée, aucune pluie ne vient humecter cette surface déserte, ni déve-

lopper le germe de la vie des plantes dans
le sein brûlant de la terre; car de toute
sa superficie s'élèvent des colonnes d'air
embrasé qui dissolvent les vapeurs, et
engloutissent les nuées à leur rapide passage.

Partout où le désert s'approche de l'o-
céan atlantique, comme entre Ouady-
Noun et le cap Blanc, l'air humide de la
mer se précipite comme en torrens dans
l'intérieur du pays pour remplir le vide
occasioné par les courans d'air perpendi-
culaires. Quand, au milieu de ces parages
que rend semblables à des prairies le varec
dont la surface des eaux est couverte, le navigateur qui dirige sa route vers l'embouchure de la Gambie, se voit tout à coup
abandonné par le vent alisé de l'est [7], il de-
vine le voisinage de ces sables où se ré-

fléchit la chaleur dans une étendue sans
bornes.

De légers troupeaux d'autruches et de
gazelles aux pieds légers, des hordes de
lions et de panthères altérées remplissent
cet espace immense de leurs combats trop
inégaux. Quelques groupes d'îles, riches
en sources, et nouvellement découvertes
dans cette mer de sable, voient leurs rives
verdoyantes fréquentées par les essaims
nomades des *Tibbous* et des *Touariks*[8],
mais le reste du désert de l'Afrique ne
peut être considéré comme habitable. Les
peuples civilisés qui l'avoisinent, ne se
hasardent à y pénétrer qu'à certaines époques périodiques. C'est en suivant des
routes fixées depuis des milliers d'années
d'une manière invariable par des relations
de commerce, que la longue caravane

marche de Tafilet à Timbouctou ou de
Mourzouk à Bornou : entreprises hardies
dont la possibilité repose sur l'existence
du chameau, le navire du désert[9], comme
l'appellent les anciennes chroniques de
l'orient.

Ces plaines d'Afrique occupent un espace près de trois fois égal à celui de la mer
Méditerranée. Elles sont situées sous le
tropique et dans son voisinage, et cette
position détermine leur caractère. Au contraire, dans la partie orientale de l'ancien
continent, le même phénomène géologique est particulier à la zone tempérée.

C'est sur le dos des montagnes centrales
de l'Asie, entre le mont d'Or ou Altaï et
le Tsoung-ling[10], depuis la grande muraille de la Chine jusqu'au-delà du Thian-

Chan ou des Monts-Célestes et vers le lac
d'Aral, que s'étendent, dans une longueur
de plus de deux mille lieues, les *steppes*
les plus élevées et les plus vastes du
monde. Quelques - unes sont des plaines
couvertes d'herbes ; d'autres se parent de
plantes salines, toujours vertes, grasses et
articulées. Un grand nombre brillent au
loin d'efflorescences muriatiques qui se
cristallisent en forme de *lichens* et qui
couvrent le sol glaiseux de taches éparses
semblables à de la neige nouvellement
tombée.

Ces *steppes* tartares et mongoles, in-
terrompues par diverses chaînes de montagnes, séparent, des peuples encore grossiers du nord de l'Asie, la race des
hommes anciennement civilisés, qui,
depuis un temps immémorial, habitent

le Tibet et l'Hindoustan. Elles ont exercé
aussi de l'influence sur les diverses destinées de l'espèce humaine. Elles ont refoulé
la population vers le sud, et bien plus
que l'Himalaya, bien plus que les cimes
glacées de Sirinagor et de Gorka, inter-
cepté les rapports des nations dans le
nord ; elles ont opposé des barrières insurmontables à l'introduction de mœurs
plus douces, et au génie créateur des arts.

Mais ce n'est pas seulement sous ces
rapports que l'histoire doit considérer les
plaines de l'intérieur de l'Asie. Elles ont
plus d'une fois répandu sur toute la terre
le malheur et la dévastation. Les peuples
pasteurs qui les habitent, tels que les
Avars, les Mongols, les Alains et les
Ouzes, ont ébranlé le monde. Si dans les
temps anciens la première culture de l'es-

prit, comme la lumière vivifiante du so-
seil, a dirigé sa marche d'orient en occident ; à une époque plus récènte la
barbarie et la grossièreté des mœurs, suivant la même direction, ont menacé de
voiler l'Europe d'un nuage épais. Une
race de pasteurs basanés [11], de race Tou-
ki-ouiché ou Turque, les Hiongnoux,
habitait sous des tentes de peaux la steppe
élevée de Gobi. Une partie de la race,
long - temps formidable à la puissance
chinoise, fut repoussée au sud vers l'Asie
intérieure. Ce choc des peuples se propagea sans discontinuer jusqu'à l'Oural
dans l'ancien pays des Finois : de là s'é-
lancèrent les Huns, les Khasars, les
Avars, et résultèrent des mélanges nombreux de peuples asiatiques : les armées
des Huns se montrèrent d'abord sur le
Volga, puis en Pannonie, aux bords de

la Loire, et enfin sur les rives du Pô, dévastant ces belles campagnes si richement plantées, où, depuis le temps d'Anténor, le travail de l'homme entassait monumens sur monumens. Ainsi des déserts de la Mongolie s'échappa avec furie un souffle mortel qui vint étouffer sur le sol cisalpin la fleur délicate des arts, cultivée avec tant de soins pendant une longue suite de siècles.

Quittons les *steppes* salines de l'Asie, les bruyères de l'Europe ornées en été de fleurs rougeâtres abondantes en miel, et les déserts de l'Afrique dénués de plantes. Retournons aux plaines de l'Amérique méridionale, dont j'ai commencé à ébaucher le tableau.

L'intérêt que ce tableau peut inspirer

à l'observateur, est purement celui qu'il
tient de la nature. On n'y rencontre point
d'oasis qui rappelle le souvenir d'anciens
habitans , point de pierres taillées ¹ª ,
point d'arbre fruitier devenu sauvage, qui
attestent les travaux de générations éteintes. Ce coin du monde , comme s'il était
étranger aux destinées du genre humain,
et qu'il n'existât que pour le présent, est
le théâtre de la vie libre des animaux et
des plantes.

La *steppe* s'étend depuis la chaîne *côtière* des montagnes de Caracas, jusqu'aux
forêts de la Guyane; depuis les monts
neigeux de Merida , sur la pente desquels
le lac de natron d'Urao est un objet de la
superstition religieuse des indigènes, jusqu'au grand Delta que l'Orénoque forme à
son embouchure. Elle se prolonge au sud-

ouest comme un bras de mer [13], au - delà
des rives du Meta et du Vichada, jusqu'aux sources non visitées du Guaviare,
ou même jusqu'à ce groupe de montagnes
isolées, que les guerriers espagnols, par
un jeu de leur active imagination, ap-
pelèrent le *Paramo de la summa Paz*,
comme s'il était l'heureux séjour d'une paix
perpétuelle.

Ce désert occupe un espace de plus de
16,000 lieues carrées. Le défaut de connaissances géographiques l'a quelquefois
fait représenter comme s'étendant sans interruption et conservant la même largeur
jusqu'au détroit de Magellan; on ne faisait pas attention à la plaine boisée [14] du
fleuve des Amazones, qui est bornée au
nord et au sud par les *steppes* herbeuses
de l'Apouré et du Rio de la Plata. Les

Andes de Cochabamba et le groupe des montagnes du Brésil envoient, entre la province de Chiquitos et le détroit terrestre de Villabella des dos de montagnes isolées qui se rapprochent les unes des autres. Une plaine étroite unit les *hylœa* du fleuve des Amazones aux *pampas de Buenos-Ayres*. Celles-ci égalent trois fois les *llanos* de Venezuela en superficie. Leur étendue est si prodigieuse, qu'au nord elles sont bornées par des bosquets de palmiers, et au sud par des neiges éternelles. Les touyous, oiseaux de la famille des casoars, sont indigènes de ces pampas, ainsi que des hordes de chiens devenus sauvages [15] qui vivent en société dans des antres souterrains, et qui souvent attaquent avec acharnement l'homme pour la défense de qui combattaient les auteurs de leur race.

Ainsi que le désert de Sahara, les llanos, ou les plaines septentrionales de l'Amérique du sud, sont situées dans la zone torride. Deux fois chaque année, leur aspect change totalement ; tantôt nues comme la mer de sable de Libye, tantôt couvertes d'un tapis de verdure comme les *steppes* élevées de l'Asie moyenne.

C'est un travail satisfaisant, et cependant difficile pour la géographie générale, de comparer la constitution physique des contrées les plus distantes, et de présenter en peu de lignes le résultat de cette comparaison. Des causes multipliées, et en partie encore peu développées [16] contribuent à diminuer la chaleur et la sécheresse dans le nouveau monde.

Le peu de largeur de ce continent dé-

coupé de mille manières dans les régions
équinoxiales au nord de l'équateur ; son
prolongement vers les pôles glacés ; l'o-
céan dont la surface non interrompue est
balayée par les vents alisés ; l'aplatisse-
ment de la côte orientale ; des courans
d'eau très froide , qui se portent depuis
le détroit de Magellan jusqu'au Pérou ; de
nombreuses chaînes de montagnes remplies de sources , et dont les sommets couverts de neige s'élèvent bien au-dessus
de la région des nuages ; l'abondance de
fleuves immenses qui , apres des détours
multipliés , vont toujours chercher les
côtes les plus lointaines ; des déserts non
sablonneux et par conséquent moins sus-
ceptibles de s'imprégner de chaleur ; des
forêts impénétrables qui couvrent les plaines de l'équateur remplies de rivières , et
qui, dans les parties du pays les plus éloi-

gnées de l'océan et des montagnes, donnent naissance à des masses énormes d'eau
qu'elles ont aspirées ou qui se forment par
l'acte de la végétation ; toutes ces causes
produisent , dans les parties basses de
l'Amérique, un climat qui contraste sin-
gulièrement par sa fraîcheur et son humidité avec celui de l'Afrique. C'est à elles
seules qu'il faut attribuer cette végétation si forte, si abondante , si riche en
sucs, et ce feuillage si épais qui forment
le caractère particulier du nouveau continent.

S'il est vrai que sur l'un des côtés de
notre planète l'air est plus humide que sur
l'autre, la comparaison de leur état actuel
suffit pour résoudre le problème de cette
inégalité. Le physicien n'a pas besoin de
couvrir du voile de fables géologiques

l'explication de pareils phénomènes, de
supposer que ce n'est qu'à des époques différentes qu'a cessé sur notre planète la
lutte des élémens portant avec elle la destruction, ou enfin d'avancer que, semblable à une île marécageuse, séjour des serpens et des crocodilles, l'Amérique n'est
sortie du sein des eaux que long-temps
après les autres parties du monde [17].

L'Amérique méridionale a, sans doute,
une ressemblance frappante avec la péninsule sud-ouest de l'ancien continent,
par sa forme, ses contours, et la direction
de ses côtes. Mais la structure intérieure
du sol, et la position relative des régions
contiguës occasionent en Afrique cette aridité étonnante qui, dans un espace immense, s'oppose au développement de la
vie organique Les quatre cinquièmes de

l'Amérique méridionale sont situés au-delà
de l'équateur , et par conséquent dans un
hémisphère qui , à raison de ses grandes
masses d'eau , et par une infinité d'autres
causes, est plus frais et plus humide [18] que
notre hémisphère boréal ; et c'est à celle-
ci qu'appartient la partie la plus considérable de l'Afrique.

Les *steppes* de l'Amérique méridionale
ou *llanos* ont , de l'est à l'ouest , trois fois
moins d'étendue que les déserts de l'A-
frique. Les premières sont rafraîchies par
les vents alisés ; les seconds, placés sous
le même parallèle que l'Arabie et la Perse
méridionale , ne sont visités que par des
courans d'air qui ont passé sur de vastes
régions d'où se réfléchit une chaleur brûlante. Déja le respectable père de l'histoire , Hérodote , dont le mérite a été si

long-temps méconnu, vraiment pénétré
de ce sentiment qui porte à observer la nature en grand, a dépeint les déserts du
nord de l'Afrique, ceux de l'Yémen, du
Kerman, du Mekhran (la *Gédrosie* des
anciens), et même ceux du Moultan dans
l'Inde antérieure, comme une seule mer
de sable [19] continue.

A l'effet du souffle embrasé des vents
de terre, se joint encore en Afrique, autant du moins que nous la connaissons, le
manque de grandes rivières, de forêts et
de hautes montagnes exhalant des vapeurs
aqueuses et produisant du froid. On ne voit
des neiges éternelles que sur la partie occidentale [20] de l'Atlas, dont la chaîne ré-
trécie, aperçue de profil par les navigateurs anciens, leur parut une masse
aérienne et isolée, destinée à soutenir le

ciel. Prolongée à l'est jusqu'au Dakoul, où
fut cette dominatrice des mers, Carthage
dont les ruines même ont disparu, et,
formant, à peu de distance des côtes, une
chaîne, barrière de la Gétulie, cette montagne arrête le vent frais du nord, et les
vapeurs qu'il a balayées à la surface de la
Méditerranée.

C'est probablement aussi au-dessus de
la limite inférieure des neiges, que s'élèvent les monts de la lune[21] ou *al komri*,
dont on rapporte sans raison que de l'est
à l'ouest ils forment une chaîne entre
les plaines élevées de l'Abyssinie (le
Quito de l'Afrique), et les sources du Sénégal. La *cordillère* de Lupata même,
qui longe la côte orientale d'Afrique à
Mosambique et au Monomotapa, comme
les Andes serrent au Pérou la côte occi-

dentale de l'Amérique, est couverte de
glaces éternelles dans le pays de Manica
riche en or. Mais ces montagnes abondantes en sources, sont très éloignées de
l'immense désert qui s'étend depuis la
pente méridionale de l'Atlas jusqu'au Niger, dont les eaux coulent vers l'Orient.

Ces causes réunies d'aridité et de chaleur n'auraient peut-être pas été suffi-
santes pour changer le plateau de l'A-
frique en une affreuse mer de sable, si
quelque grande révolution de la nature,
par exemple, une irruption de l'Océan
n'avait pas enlevé jadis à cette surface les
plantes et la terre végétale qui la cou-
vraient. Quelle fut l'époque de cette catastrophe ? Quelle force détermina cette
irruption ? c'est ce qui est profondément
caché dans la nuit des temps. Peut-être

fut-elle un effet du remous [22] , de ce courant impétueux qui pousse les eaux échauf-
fées du golfe de Mexique au-delà du banc
de Terre-Neuve, jusque sur les côtes de
notre continent, et qui charrie les cocos
des Antilles sur les rives de l'Irlande et de
la Norvège. Encore aujourd'hui, au moins
un des bras de ce courant se dirige des
Açores au sud-est, et va frapper, avec une
violence souvent funeste aux navigateurs,
la côte occidentale de l'Afrique, bordée de
monticules sablonneux. Tous les rivages
de la mer (et je citerai entre autres ceux
de la côte du Pérou , entre Coquimbo et
Amotapé) prouvent combien , dans les
régions de la zone torride, où sous un
ciel d'airain ni les *lécidées* ni aucun autre
lichen [23] ne peuvent végéter , il s'écoule
des siècles, et peut-être des milliers d'années avant que le sable mouvant puisse

offrir aux racines des plantes un point
d'appui assuré.

Ces considérations expliquent comment,
malgré leur ressemblance extérieure de
forme, l'Afrique et l'Amérique offrent des
différences si tranchées dans leur température relative, et dans le caractère de
leur végétation. Quoique la *steppe* de l'A-
mérique méridionale soit couverte d'une
légère couche de terre végétale, quoiqu'elle soit arrosée périodiquement par
des ondées de pluies, et ornée de graminées d'une végétation magnifique, elle n'a
cependant pu engager les peuples voisins
à abandonner les belles vallées de Caracas, les bords de la mer, ni le bassin immense de l'Orénoque, pour venir errer
dans une solitude privée d'arbres et de
sources. Aussi, à l'arrivée des premiers

colons européens et africains, la trouva-
t-on presque inhabitée.

Les llanos sont, à la vérité, propres à
la nourriture du bétail ; mais l'éducation
des animaux qui donnent du lait [24] était
inconnue aux habitans primitifs du nouveau continent. Aucun des peuples américains ne cherchait à mettre à profit les
avantages que sous ce rapport leur offrait
la nature. Dans les savannes du Canada
occidental, à Quivira et autour des ruines
colossales du château des Aztèques, cette
Palmyre de l'Amérique, qui s'élève so-
litairement dans le désert auprès des rives
du Gyla, on voit paître deux races indigènes d'animaux à cornes. Le moufflon
aux longues cornes, souche primitive de
notre mouton, erre sur les rochers calcaires, arides et pelés de la Californie. Les

vigognes, les alpacas et les lamas, tous
ressemblans au chameau, appartiennent
à la péninsule méridionale. Mais ces animaux utiles ont, à l'exception du lama,
conservé, depuis des siècles, leur antique liberté. L'usage du lait et du fromage
est, ainsi que la possession et la culture des
plantes céréales [15] un des traits distinctifs
qui caractérisent les peuples de l'ancien
monde.

Si quelques-uns ont passé par le nord
de l'Asie sur la côte occidentale d'Amérique, et, craignant une température
moins froide [16], ont longé les sommets
élevés des Andes pour aller au sud, cette
migration a eu lieu par des routes où ces
voyageurs ne pouvaient transporter avec
eux ni leurs troupeaux, ni leurs céréales. Peut-être lorsque l'empire des

Hiongnoux long-temps ébranlé s'écroula,
la marche de cette tribu puissante occa-
siona-t-elle une migration de peuples du
nord est de la Chine et de la Corée, et alors
des Asiatiques policés passèrent-ils dans le
nouveau continent? Si ces nouveaux venus avaient été des habitans des *steppes*,
où l'agriculture est inconnue, cette hypothèse hardie, et peu favorisée jusqu'à
présent par la comparaison des langues,
pourrait au moins expliquer ce manque
surprenant des plantes céréales proprement dites, qui est particulier au nouveau
continent; peut-être une colonie de prêtres,
battue par la tempête, aborda-t-elle aux
côtes de la Californie? évènement qui pro-
duisit des idées mystiques relativement à la
navigation, et dont l'histoire de la population du Japon[27], au temps de Djindi-Hoang-
ti nous fournit un exemple mémorable.

La vie pastorale , cet intermédiaire
bienfaisant qui attache les hordes nomades de chasseurs à un sol abondant en
herbes, et qui les prépare à l'agriculture,
n'était pas moins inconnue aux habitans
primitifs de l'Amérique. C'est dans cette
ignorance qu'on doit chercher la cause
du défaut de population des *steppes* de
l'Amérique méridionale. Aussi est-ce avec
plus de liberté que l'énergie de la nature
s'y est développée dans une si grande
variété de formes organiques. Elle n'y a
connu de bornes que celles qu'elle s'est
données, ainsi que dans la vie qu'elle
prodigue aux végétaux au sein des forêts
de l'Orénoque , où l'*hymenea* et le laurier à tige gigantesque ne redoutent pas
la main destructrice de l'homme, mais
seulement les circonvolutions vigoureuses
des plantes grimpantes qui les étouffent.

Les agoutis, les petits cerfs mouchetés,
les tatous cuirassés qui, semblables aux
rats, se glissent dans la retraite souterraine du lièvre effrayé, des troupeaux de
cabiais indolens, des chinches agréablement rayés par bandes, mais dont l'odeur
empeste l'air, le grand lion sans crinière,
les jaguars mouchetés, nommés tigres
dans ces contrées, et assez robustes pour
traîner au haut d'une colline le jeune taureau qu'ils ont tué, tous ces animaux et
une multitude d'autres [28] parcourent la
plaine dénuée d'arbres.

Habitable en quelque sorte pour eux
seuls, elle n'aurait pu fixer aucune des
hordes nomades qui, de même que les
Hindoux, préfèrent la nourriture végétale, si des palmiers en éventail, les *mauritia*, n'y étaient pas dispersés çà et là.

Elles sont justement célèbres les qualités bienfaisantes de cet arbre de vie[29]. Seul il nourrit, à l'embouchure de l'Orénoque, la nation indomptée des Guaranis, qui tendent avec art d'un tronc à l'autre des nattes tissues avec la nervure des feuilles du mauritia, et, dans la saison des pluies, quand le Delta est inondé, semblables à des singes, vivent au sommet des arbres.

Ces habitations suspendues sont en partie couvertes avec de la glaise. Les femmes allument sur cette couche humide le feu nécessaire aux besoins du ménage ; et le voyageur qui, pendant la nuit, navigue sur le fleuve, aperçoit de longues files de flammes à une grande hauteur en l'air, et absolument séparées de la terre. Les Guaranis doivent leur indépendance physique, et peut-être aussi leur indépen-

I.   3

dance morale, au sol mouvant, tourbeux et
à moitié liquide qu'ils foulent d'un pied léger, et à leur séjour sur les arbres ; républi-
que aérienne, où l'enthousiasme religieux
ne conduira jamais un *stylite* américain [30].

Le mauritia ne procure pas seulement
aux guaranis une habitation sûre, il leur
fournit aussi des mets variés. Avant que la
tendre enveloppe des fleurs paraisse sur
l'individu mâle, et seulement à ce période
de la végétation, la moelle du tronc recèle
une farine analogue au sagou. Comme la
farine contenue dans la racine du manioc,
elle forme en se séchant des disques minces de la nature du pain. De la sève fer-
mentée de cet arbre, les Guaranis font un
vin de palmier doux et enivrant. Les
fruits encore frais, recouverts d'écailles
comme les cônes du pin, donnent, ainsi

que le bananier et la plupart des fruits de la
zone torride, une nourriture variée, suivant qu'on en fait usage après l'entier développement de leur principe sucré, ou
auparavant lorsqu'ils ne contiennent encore qu'une pulpe abondante. Ainsi nous
trouvons, au degré le plus bas de la civilisation humaine, l'existence d'une peuplade enchaînée à une seule espèce d'arbre, semblable à celle de ces insectes qui
ne subsistent que par certaines parties
d'une fleur.

Depuis la découverte du nouveau continent, la plaine est devenue moins inha-
bitable. Pour faciliter les relations entre
la côte et la Guyane, on a bâti quelques
villes [51] sur le bord des rivières de la
steppe, et on a commencé à élever des
bestiaux dans toutes les parties de cet es-

pace immense. On rencontre, à des journées de distance les unes des autres, des
huttes isolées construites en claies de roseaux attachées avec des courroies et couvertes de peaux de bœuf. Entre ces habitations grossières, on voit errer dans la
steppe des troupeaux innombrables de
bœufs, de chevaux, et de mulets devenus sauvages. L'accroissement prodigieux
de ces animaux de l'ancien monde, est
d'autant plus surprenant que les dangers
qu'ils ont à combattre sous cette zone sont
plus nombreux.

Lorsque, par l'effet vertical des rayons
du soleil qu'aucun nuage n'arrête, l'herbe
brûlée tombe en poussière, le sol endurci
se crevasse, comme s'il était ébranlé par
de violens tremblemens de terre. Alors,
si des vents opposés viennent à se heurter

à sa surface, et si leur choc se termine par
produire un mouvement circulaire, la
plaine offre un spectacle extraordinaire.
Pareil à une vapeur, le sable s'élève au
milieu du tourbillon raréfié et peut-être
chargé d'électricité, tel qu'une nuée en
forme d'entonnoir [32], qui avec sa pointe
glisse sur la terre, et semblable à la trombe
bruyante redoutée du navigateur expéri-
menté. Le ciel qui paraît abaissé ne jette
qu'un demi-jour trouble et livide sur la
plaine désolée. L'horizon se rapproche
tout à coup. Il resserre le désert et le cœur
de l'homme. Suspendu dans l'atmosphère
qu'il voile d'un nuage épais, le sable embrasé et poudreux augmente la chaleur
étouffante de l'air [33]. Au lieu de fraîcheur,
le vent d'est apporte une ardeur nouvelle
en chariant les émanations brûlantes d'un
terrain long-temps échauffé.

Les flaques d'eau que protégeait le palmier dont le soleil a fané la verdure, disparaissent peu à peu. De même que dans les glaces du nord les animaux s'engourdissent, de même ici le crocodile et le boa, profondément enfoncés dans la glaise desséchée, s'endorment sans mouvement. Partout l'aridité annonce la mort, et partout elle poursuit le voyageur altéré, déçu par le jeu des rayons de lumière réfractés, qui lui présentent le fantôme d'une surface ondulée [34]. Enveloppés de nuages de poussière, tourmentés par la faim et par une soif ardente, de toutes parts errent les bestiaux et les chevaux. Ceux-là, faisant entendre des mugissemens sourds, ceux-ci, le cou tendu dans une direction contraire à celle du vent, aspirent fortement l'air pour découvrir, par la moiteur de son courant, le voisinage d'une flaque d'eau non entièrement évaporée.

Les mulets plus circonspects et plus ru-
sés cherchent à apaiser leur soif d'une
autre manière. Un végétal de forme sphérique, et portant de nombreuses canne-
lures, le melocactus[55], renferme, sous
son enveloppe hérissée, une moelle très
aqueuse. Le mulet, à l'aide de ses pieds
de devant écarte les piquans, approche
ses lèvres avec précautions, et se hasarde
à boire le suc rafraîchissant. Mais ce n'est
pas toujours sans danger qu'il peut puiser
à cette source végétale vivante. On voit
souvent des animaux dont le sabot est es-
tropié par les piquans du cactus.

A la chaleur brûlante du jour succède
la fraîcheur d'une nuit qui égale le jour
en durée ; mais les bestiaux et les chevaux

ne peuvent même alors jouir du repos.
Pendant leur sommeil, des chauve-souris
monstrueuses se cramponnent sur leur dos
comme des vampires, leur sucent le sang
et leur occasionent des plaies purulentes,
où s'établissent les hippobosques, les mos-
quites, et une foule d'autres insectes à ai-
guillon. Telle est l'existence douloureuse
de ces animaux, dès que l'ardeur du soleil
a fait disparaître l'eau de la surface de la
terre.

Quand, après une longue sécheresse,
s'approche enfin la saison bienfaisante des
pluies, soudain la scène change[36] dans le
désert. Le bleu foncé du ciel, jusqu'alors
sans nuage, prend une teinte plus claire.
A peine reconnaît-on pendant la nuit l'espace obcur de la *Croix*, constellation du
pôle austral. La légère phosphorescence

des nuées de Magellan perd son éclat. Les
étoiles verticales de l'Aigle et du Serpen-
taire brillent d'une lumière tremblante,
qui ne ressemble plus à celle des planètes
Il s'élève dans le sud des nuages isolés
qui paraissent des montagnes éloignées.
Les vapeurs s'étendent comme un brouillard sur tout l'horizon. Les coups de tonnerre annoncent dans le lointain la pluie
vivifiante.

A peine la surface de la terre est-elle
humectée, que le désert couvert de vapeurs se revêt de *killingia*, de *paspa-
lum* aux panicules nombreuses, et d'une
infinité de graminées. A la lumière, la
sensitive herbacée développe ses feuilles
endormies, et salue le soleil levant, comme
les plantes aquatiques en ouvrant leurs
fleurs délicates, et les oiseaux par leurs

chants harmonieux. Les chevaux et les bestiaux bondissent dans la plaine. Le jaguar agréablement moucheté se cache dans l'herbe haute et touffue ; par un saut léger, à la manière des chats, il s'élance comme le tigre d'Asie, pour saisir les animaux au passage.

Quelquefois, si l'on en croit les récits des naturels, on voit sur le bord des marais la glaise humide s'élever en forme de mottes [37] ; puis on entend un bruit violent comme celui de l'explosion de petits volcans vaseux : la terre soulevée est lancée en l'air. Celui à qui ce phénomène est connu, fuit dès qu'il s'annonce ; car un monstrueux serpent aquatique, ou un crocodile cuirassé sort de son tombeau aux premières ondées de pluie et se réveille de sa mort apparente.

Les rivières qui bornent la plaine au
sud, l'Araca, l'Apouré, et le Payara, se
gonflent peu à peu. Alors la nature con-
traint à mener la vie des amphibies, ces
mêmes animaux qui, dans la première
moitié de l'année, mouraient de soif sur
un sol aride et poudreux. Une partie du
désert présente l'image d'une vaste mer
intérieure [38]. Les jumens se retirent avec
leurs poulains sur les bancs élevés qui,
semblables à des îles, sortent de la surface
des eaux. Chaque jour l'espace non inondé
se rétrécit. Les animaux pressés les uns
contre les autres et privés de pâturage,
nagent long-temps çà et là, et trouvent
une nourriture chétive dans les panicules
fleuries des graminées qui s'élèvent au-
dessus d'une eau brunâtre et en fermentation. Beaucoup de jeunes chevaux se
noient; beaucoup sont surpris par le cro-

codile qui, de sa queue armée d'une crête
dentelée, leur fracasse les os, puis les dé-
vore. Souvent on voit des chevaux et des
bœufs qui échappés à la voracité de ce féroce reptile, portent sur leurs cuisses les
marques de ses dents pointues.

Ce spectacle rappelle involontairement
à l'observateur attentif la facilité de se
plier à tout, dont la nature prévoyante a
doué certains animaux et certains végétaux. Le bœuf et le cheval, ainsi que les
plantes céréales, ont suivi l'homme par
toute la terre, depuis le Gange jusqu'au Rio
de la Plata, depuis la côte d'Afrique jusqu'aux plaines de l'Antisana plus élevées
que le pic de Ténériffe [39]. Ici, c'est le bouleau habitant du nord, là, le dattier, qui
mettent le bœuf fatigué à l'abri des rayons
du soleil. La même espèce d'animaux qui,

dans l'est de l'Europe, combat les ours et
les loups, est sous un autre parallèle expo-
sée aux attaques du tigre et du crocodile.

Ce ne sont pas seulement les crocodiles
et les jaguars qui, dans l'Amérique méridionale, dressent des embûches au cheval.
Cet animal a aussi parmi les poissons un
ennemi dangereux. Les eaux marécageuses de Béra et de Rastro[40] sont remplies d'anguilles électriques, dont le corps
gluant, parsemé de taches jaunâtres, envoie de toutes parts et spontanément une
commotion violente. Ces gymnotes ont
cinq à six pieds de long ; ils sont assez
forts pour tuer les animaux les plus robustes, lorsqu'ils font agir à la fois et dans
une direction convenable leurs organes,
armés d'un appareil de nerfs multipliés.
A Uritucu on a été obligé de changer le

chemin de la *steppe*, parce que le nombre de ces anguilles s'était tellement accru dans une petite rivière, que tous les ans beaucoup de chevaux frappés d'engourdissement se noyaient en la passant à gué. Tous les poissons fuient l'approche de cette redoutable anguille. Elle surprend même l'homme qui, placé sur le haut du rivage, pêche à l'hameçon ; la ligne mouillée lui communique souvent la commotion fatale. Ici, le feu électrique se dégage même du fond des eaux.

La pêche des gymnotes procure un spectacle pittoresque. Dans un marais que les Indiens enceignent étroitement, on fait courir des mulets et des chevaux, jusqu'à ce que le bruit extraordinaire excite à l'attaque ces poissons courageux. On les voit nager comme des serpens sur

la superficie des eaux , et se presser adroi-
tement sous le ventre des chevaux. Plusieurs de ceux-ci succombent à la violence
des coups invisibles ; d'autres haletans , la
crinière hérissée, les yeux hagards , étin-
celans et exprimant l'angoisse , cherchent
à éviter l'orage qui les menace ; mais les
Indiens , armés de longs bambous , les
repoussent au milieu de l'eau.

Peu à peu l'impétuosité de ce combat
inégal diminue. Les gymnotes fatigués se
dispersent comme des nuées déchargées
d'électricité ; ils ont besoin d'un long repos et d'une nourriture abondante pour
réparer ce qu'ils ont dissipé de force galvanique. Leurs coups de plus en plus faibles donnent des commotions moins sensibles. Effrayés par le bruit du piétinement
des chevaux , ils s'approchent craintifs du

bord du marais; là on les frappe avec des
harpons ; puis on les entraîne dans la
steppe au moyen de bâtons secs et non
conducteurs du fluide.

Tel est le combat surprenant des chevaux et des poissons. Ce qui forme l'arme
vivante et invisible de ces habitans de
l'eau; ce qui, développé par le contact de
parties humides [41] et hétérogènes, circule
dans les organes des animaux et des plantes ; ce qui dans les orages embrase la
voûte du ciel ; ce qui lie le fer au fer, et
détermine la marche tranquille et rétrograde de l'aiguille aimantée, découle d'une
même source, comme les couleurs variées
du rayon réfracté : tout se réunit dans une
force unique et éternelle qui anime la nature, et règle les mouvemens des corps
célestes.

Je pourrais terminer ici le tableau physique du désert que j'ai tenté d'esquisser.
Mais de même que sur l'océan notre imagination aime à s'occuper de l'image des
côtes éloignées, de même, avant que le
désert échappe à notre vue, jetons un
coup d'œil rapide sur les régions qui l'en-
vironnent.

Le désert du nord de l'Afrique sépare
deux races d'hommes, qui originairement
appartiennent à la même partie du monde,
et dont la lutte toujours subsistante paraît
être aussi ancienne que la fable d'Osiris et
de Typhon [42]. Au nord de l'Atlas vivent
des hommes à cheveux longs et non crépus, ayant le teint jaunâtre et les traits des
habitans du Caucase. Au sud du Sénégal et
du côté du Soudan, on trouve des peuplades de nègres parvenues à différens degrés

I.   4

de civilisation. Dans l'Asie moyenne , les
steppes de la Mongolie sont la ligne de dé-
marcation entre la barbarie de la Sibérie,
et l'antique civilisation de l'Hindoustan.

Les plaines de l'Amérique sont aussi la
borne où s'arrête le domaine de la demi-
civilisation européenne [43]. Au nord, entre la chaîne des montagnes de Venezuela
et la mer des Antilles, on rencontre, pressés les uns contre les autres, des villes
industrieuses, des villages charmans, et
des champs soigneusement cultivés. Le
goût des arts, la culture des sciences et
l'amour de la liberté civile y sont même
développés depuis long-temps.

Au sud, la steppe est entourée par une
solitude sauvage et effrayante. Des forêts
âgées de milliers d'années, et d'une épais-

seur impénétable , remplissent la contrée
humide située entre l'Orénoque et le fleuve
des Amazones. Des masses immenses de
granit, couleur de plomb [44], rétrécissent
le lit des rivières écumeuses. Les montagnes et les forêts retentissent incessam-
ment du fracas des cataractes, du rugis-
sement des jaguars , et des hurlemens
sourds [45] du singe barbu qui annonce la
pluie.

Dans les endroits où les eaux plus basses
laissent un banc à découvert, un crocodile
est étendu sans mouvement comme un rocher et la gueule béante. Son corps écail-
leux est souvent couvert d'oiseaux [46].

Le boa à peau tigrée, la queue attachée
à un tronc d'arbre , et le corps roulé sur
lui-même , sûr de sa proie, se tient en em-

buscade sur la rive. Il se déploie avec
promptitude pour saisir au passage le
jeune taureau ou quelque animal plus faible; après l'avoir enveloppé d'une humeur
visqueuse, il le fait entrer avec effort dans
son gosier dilaté [47].

Au milieu de cette nature grande et sauvage vivent des peuples de races et de
civilisation diverses. Quelques-uns, séparés par des langages dont la dissemblance
est étonnante, sont nomades, entièrement
étrangers à l'agriculture, se nourrissent
de fourmis, de gomme et de terre [48], et
sont le rebut de l'espèce humaine ; tels
sont les Otomaques et les Jarourès. D'autres, comme les Maquiritains et les Makos,
ont des demeures fixes, vivent des fruits
qu'ils ont cultivés, ont de l'intelligence et
des mœurs plus douces. De vastes espaces

entre le Cassiquiarè et l'Atabapo ne sont
habités que par des singes réunis en société et par des tapirs. Des figures gravées
sur des rochers [49] prouvent que jadis cette
solitude a été le séjour d'un peuple par-
venu à un certain degré de civilisation ;
de même que la forme des langues qui
appartiennent aux monumens les plus
durables des hommes, elles attestent les
vicissitudes qu'éprouve le sort des peuples.

Dans la steppe, c'est le tigre et le crocodile qui combattent le cheval et le taureau ; sur ses bords garnis de forêts, et
dans les régions sauvages de la Guyane,
c'est l'homme qui est perpétuellement armé contre l'homme. Là, avec une avidité
féroce, des peuplades entières boivent le
sang de leurs ennemis ; d'autres les égor-
gent non armés en apparence, mais pré-

parés au meurtre ^{5o} par le poison dont est
enduit l'ongle de leur pouce. Aussi les
hordes les plus faibles, lorsqu'elles entrent
dans la région des sables, effacent soigneusement avec leurs mains la trace de leurs
pas timides.

Ainsi l'homme se prépare à lui - même
une vie inquiète et orageuse, soit que sa
grossièreté tienne encore à celle des animaux, soit que l'éclat apparent de la civilisation lui assigne le degré le plus élevé.
Le voyageur qui parcourt le globe, l'historien qui s'enfonce dans la nuit des àges,
rencontrent sans cesse le tableau uniforme
et désolant des dissensions de l'espèce humaine.

C'est pourquoi celui qui, au milieu des
discordes des peuples, cherche à reposer

son esprit, porte volontiers ses regards
sur la vie paisible des plantes et étudie
les ressorts mystérieux qui meuvent l'u-
nivers ; ou bien, se livrant à cette noble
impulsion dont le cœur de l'homme fut
toujours animé, par un pressentiment se-
cret il porte la vue vers les astres qui,
obéissant aux lois immuables de l'harmonie, poursuivent leur carrière éternelle.

ÉCLAIRCISSEMENS

ET

ADDITIONS.

ÉCLAIRCISSEMENS

ET

ADDITIONS

[1] Le lac de Tacarigua, p. 3.

Lorsque l'on pénètre dans l'intérieur du continent de l'Amérique méridionale, depuis la côte de Caracas ou de Venezuela, située sous le dixième parallèle nord, jusqu'aux frontières septentrionales du Brésil, sous la ligne, on traverse d'abord une chaîne de montagnes très haute dirigée de l'ouest à l'est ; ensuite la grande steppe déserte et dénuée d'arbres (ou les plaines appelées llanos), qui s'étendent depuis

le pied des montagnes côtières jusque sur la
rive gauche de l'Orénoque; enfin la ligne
montagneuse qui occasione les cataractes
d'Aturès et de Maypurè. Cette chaîne, que
je nomme *Sierra de la Parime*, file entre
les sources du Rio Esquibo et du Rio Branco
vers les Guyanes française, nederlan-
daise et anglaise. Elle est le siège de
la singulière fable de l'El Dorado; et confine au sud avec la plaine boisée où le
Rio Négro et l'Amazone ont formé leur
lit. Celui qui voudra approfondir davantage ces rapports géographiques, pourra
jeter un coup d'œil sur la grande carte
de la Cruz Olmedilla, qui a produit toutes celles que l'on a publiées postérieurement, et qui cependant, d'après mes
observations astronomiques pour déterminer la position des lieux, doit subir des
changemens essentiels.

La chaîne côtière de Venezuela, considérée sous le rapport géographique, appartient à la chaîne des Andes du Pérou.
Celle-ci se partage au nœud des sources
du Rio - Magdalena, au sud de Popoyan
(1° 55′ à 2° 20′ lat. N.), en trois chaînes,
dont la plus orientale file vers les montagnes neigeuses de Merida. Ces dernières
s'abaissent vers le Paramo de las Rosas,
dans la contrée montueuse de Quibor et
de Tocuyo, qui unit la chaîne côtière de
Venezuela à la cordillère de Cundina-
marca. La chaîne côtière, semblable à un
mur, se prolonge sans interruption de
Porto - Cabello au cap Paria ; sa hauteur moyenne est à peine de 750 toises.
Cependant quelques sommets isolés, tels
que celui que l'on nomme Silla de Caracas
ou Cerro de Avila, orné de befaria, s'élèvent à 1316 toises au-dessus du niveau

de la mer. Le rivage de Caracas porte
partout des traces de dévastation. On
reconnaît partout l'effet de l'action du
grand courant qui se dirige d'orient en
occident, et qui, après avoir morcelé les
îles Caraïbes, a creusé le golfe des Antilles. Les langues de terre d'Araya et de
Chuparipari, et surtout la côte entre Cumana et Nueva Barcelona, offrent au
géologue un aspect très remarquable. Les
îles de Boracha, de Caracas et de Chi-
manas sortent de la mer comme des tours,
et attestent la redoutable puissance des
flots destructeurs sur la chaîne de montagnes décharnée. Peut-être la mer des Antilles fut-elle jadis, comme la Méditerranée, un lac qui soudainement se réunit
à l'Océan. Les îles de Cuba, de Haïti et
de la Jamaïque renferment encore les
restes des hautes montagnes de schiste mi-

cacé qui bornaient cette mer dans le nord.
C'est une chose frappante que, dans les
points où ces trois îles sont le plus rapprochées les unes des autres, se trouvent
les cimes les plus élevées. On pourrait
supposer que le principal noyau de cette
chaîne de montagnes était situé entre le
cap Tiburon et la pointe Morant. Les
montagnes de cuivre (montañas de cobre),
près de Saint-Yago de Cuba, n'ont pas
encore été mesurées ; mais elles sont vraisemblablement plus élevées que les montagnes bleues de la Jamaïque (1138 toises), dont la hauteur surpasse celle du
passage du Saint-Gothard (1065 toises).
J'ai développé mes conjectures sur la forme
du lit de l'Océan atlantique, et sur l'ancienne jonction des continens, dans un
mémoire composé à Cumana, intitulé :
Fragment d'un tableau géologique de

l'Amérique méridionale, et inséré dans le
Journal de physique de messidor an 9.

La partie septentrionale et cultivée de la
province de Caracas est un pays de montagnes. La chaîne le long de la côte est
partagée, comme les Alpes de la Suisse,
en plusieurs rangées ou chaînons qui renferment des vallées allongées. La plus
célèbre est la vallée d'Aragua, qui produit en abondance de l'indigo, du sucre,
du coton, et, ce qui est plus surprenant,
le froment européen. L'extrémité méridionale de cette vallée est bornée par le
beau lac de Valencia, dont l'ancien nom
indien est Tacarigua. Le constraste qu'offrent ses deux rives lui donnent une ressemblance étonnante avec le lac de Ge-
nève. A la vérité, les montagnes désertes
de Guigue et de Guiripa ont un caractère

moins sévère que les Alpes de la Savoie ;
mais le côté opposé, couvert de forêts
de bananiers, de mimosa et de triplaris,
surpasse en beauté pittoresque les vigno-
bles du pays de Vaud. Le lac a à peu
près dix lieues de longueur ; il est rempli de petites îles qui prennent de l'accroissement, parce que la quantité des
eaux affluentes n'égale pas celle des eaux
qui s'évaporent. Depuis quelques années,
des bancs de sable sont presque devenus
des îles : on leur donne le nom de *las apa-
recidas*, qui est très convenable, car il
signifie îles nouvellement vues. Dans l'île
de Cura, on cultive l'espèce remarquable
de solanum dont les fruits sont bons à manger, et que M. Wildenow a décrit sous le
nom de solanum Humboldti (*Hort. Berol.*
Fasc. 11). L'élévation du lac au-dessus du
niveau de la mer est à peu près de 220 toi-

ses. Il offre les scènes les plus belles et les plus agréables que j'aie vues dans aucun des pays que j'ai parcourus. En nous y baignant, M. Bonpland et moi, nous étions souvent effrayés par l'aspect du bava, espèce non décrite de lézard tenant du crocodile (Dragonne?), long de trois à quatre pieds, d'une figure horrible, mais qui ne fait pas de mal à l'homme. Nous avons trouvé dans le lac de Valencia un typha entièrement identique avec l'espèce européenne appelée angustifolia, fait singulier et très important pour la géographie des plantes. Dans les vallées d'Aragua voisines du lac, on cultive les deux variétés de canne à sucre, la commune appelée caña creolia, et la canne de Taïti, nouvellement apportée des îles du grand Océan. Celle-ci est d'un vert plus tendre et plus agréable; de sorte qu'à une grande distance on distingue facile-

ment un champ planté en cannes de Taïti.
Cook et Forster ont les premiers fait connaître ce végétal ; mais on voit dans le
Traité de Forster sur les plantes du grand
Océan utiles pour la nourriture, qu'ils
n'ont pas assez connu la valeur de cette
précieuse production. Bougainville l'in-
troduisit à l'Isle de France, d'où elle passa
à Cayenne, et depuis 1792 à Saint-Domingue ou Haïti, à la Martinique et aux
autres petites Antilles. L'intrépide et in-
fortuné capitaine Bligh l'apporta de Taïti
avec l'arbre à pain à la Jamaïque. De la
Trinité, île si proche du continent, la
nouvelle canne est arrivée sur la côte de
Caracas, puis sur celle du grand Océan ;
elle est devenue pour ce pays un objet plus
important que l'arbre à pain, qui ne fera
pas renoncer à un végétal aussi bienfaisant
et aussi abondant en substance nutritive

que le bananier. La canne de Taïti contient
plus de suc, et, sur une surface égale de
terrain, elle donne un tiers de plus de
produit que la canne commune, dont la
tige est plus mince, dont les articulations
sont plus rapprochées, et que l'on suppose
venir de l'orient de l'Asie. Dans les îles
Antilles, où l'on commençait à éprouver
une grande disette de combustibles, puisqu'à Cuba on chauffe les chaudières à sucre avec du bois d'oranger, la nouvelle
canne est d'autant plus intéressante que sa
tige exprimée (bagasse), est très compacte
et très ligneuse. Si son introduction dans
les Antilles n'était pas arrivée à la même
époque où commença la guerre sanglante
des nègres à Saint-Dominque, le prix du
sucre aurait à cette époque atteint en Europe un taux encore plus élevé que celui
où l'avaient porté la destruction des sucre-

ries et du commerce. Une question importante se présente ; la canne de Taïti, arra-
chée à son sol natal, ne dégénérera-t-elle
pas insensiblement, et ne deviendra-t-elle
pas entièrement semblable à la canne
commune ? L'expérience a décidé contre
cette dégénération. Dans l'île de Cuba, une
cavalleria ou superficie de 34,969 toises
carrées, rend 870 quintaux de sucre lorsqu'elle est plantée en canne de Taïti. Celle-
ci produit la moitié des 261,795 caisses de
sucre ou des 4,188,720 arobes de sucre
qu'exporta l'île de Cuba en 1822. Il est
assez singulier que ce végétal intéressant
des îles du grand Océan soit précisément
cultivé dans la partie des colonies espagnoles les plus éloignées de cette mer. On
va en vingt-cinq jours du Pérou à Taïti,
et cependant à l'époque de mon voyage,
la canne à sucre de cette île était encore

inconnue au Pérou et au Chili. Les habitans de l'île de Pâques, qui éprouvent une
grande disette d'eau douce, boivent le jus
de la canne à sucre, et, ce qui est un phénomène très remarquable en physiologie,
l'eau de la mer. La canne d'un vert clair
et à tige épaisse, est généralement cultivée dans les îles des Amis, de la Société
et de Sandwich.

Indépendamment des deux espèces de
canne dont nous venons de parler, on en cultive encore en Amérique une troisième, qui
est rougeâtre, et qui vient de la côte d'Afrique : on la nomme cana de Guinea, elle contient un peu plus de suc que la commune; on
assure que celui qu'elle rend présente plus
d'avantages pour la fabrication du rhum.

Dans la province de Caracas, le vert

clair de la canne de Taïti contraste agréablement avec l'ombre épaisse des cacaotiers. Peu d'arbres des tropiques ont un
feuillage aussi touffu que le théobroma
cacao. Cette belle plante aime les vallées
chaudes et humides. L'extrême fertilité du
sol et l'insalubrité de l'air sont, dans l'A-
mérique et dans l'Asie méridionales, deux
circonstances inséparables. On observe
que plus la culture d'un pays augmente,
que plus les forêts diminuent, et que plus
le climat et le sol deviennent secs, moins
aussi les plantations de cacao réussissent.
Elles deviennent moins nombreuses dans
la province de Caracas, tandis qu'elles
augmentent rapidement dans les provinces
plus orientales de Nueva Barcelona et
de Cumana, et surtout dans la contrée
boisée et humide située entre Cariaco et
le golfe Triste.

² Des bancs , p. 5.

Les llanos de Caracas sont couvertes de grès de formation ancienne, qui partout s'étend en couches presque horizontales. Lorsqu'en sortant des vallées d'Aragua on descend le chaînon le plus méridional des montagnes côtières de Guigue et de Villa de Cura, pour aller à Parapara, on rencontre successivement le gneiss et le mica-chiste, une roche de transition de schiste argileux et de calcaire noir, de la serpentine et de la diabase, en morceaux sphériques isolés ; enfin, sur le bord de la grande plaine, de petites collines d'amygdaloïde à augite, et de porphyre phonolithique. Ces collines entre Parapara et Ortiz me paraissent être produites par des éruptions volcaniques sur l'ancienne côte

maritime des llanos. Plus au nord s'élèvent les rochers célèbres de formes gro-
tesques, caverneux et nommés *Morros de
San-Juan,* qui forment une espèce de *Mur
du diable.* Ils sont de texture cristalline
comme de la dolomie*, élevée perpendiculairement. Ainsi on doit moins les considérer comme des îles de l'ancien golfe,
que comme une partie de la chaîne côtière.
J'appelle les llanos un golfe, parce que si
l'on fait attention à leur peu d'élévation
au-dessus du niveau actuel de la mer, à
leur forme appropriée au mouvement de
rotation du courant, enfin à l'applatisse-
ment de la côte orientale vers l'embou-

---

* On peut consulter les Mémoires remarquables
de M. Léopold de Buch, sur la dolomie considérée
comme espèce de roche (1822 et 1823), et ma
Relation historique, T. II, p. 140 (4°).

chure de l'Orénoque, on ne peut révoquer
en doute que jadis la mer n'ait rempli tout
le bassin situé entre la chaîne côtière et la
Sierra de la Parime, et à l'ouest n'ait
battu le pied des montagnes de Merida et
de Pamplona. De plus, la pente ou l'abaissement des llanos est dirigée de l'ouest à
l'est. Leur élévation à Calabozo, à cent
lieues de la mer, est à peine de trente
toises. Leur superficie est tellement parallèle à l'horizon, que dans les espaces de
plus de trente lieues carrées, on ne trouve
pas un point qui paraisse élevé d'un pied
au-dessus d'un autre point. Si on ajoute le
manque total d'arbustes, et même dans la
Mesa de Pavones le défaut de palmiers
isolés, on peut se faire une idée du singulier aspect qu'offre cette surface plane, déserte et semblable à celle de la mer. Aussi
loin que s'étend la vue, elle ne peut se re-

poser sur aucun objet élevé de quelques
pouces. L'état des couches inférieures de
l'air, le jeu de la réfraction de la lumière,
et les bornes de l'horizon toujours indéter-
minées et mobiles comme les vagues, empêchent seules qu'on ne prenne hauteur
par un instrument de réflexion sur le bord
de la plaine, comme à l'horizon de la mer.
Cette disposition parfaitement horizontale
de l'ancien lit de la mer, rend l'existence
de ces *bancs* plus surprenante. Ce sont
des couches horizontales fracturées, qui
s'élèvent à deux ou trois pieds au-dessus
de la roche qui les entoure, et qui s'é-
tendent uniformément dans une longueur
de 10 a 12 lieues. Ils donnent naissance
aux petites rivières de la steppe. En revenant du Rio-Negro, lorsque nous tra-
versions les llanos de Barcelona, nous
rencontrames de fréquentes traces d'ébou-

lemens de terre. Au lieu des bancs élevés, nous vîmes des couches gypseuses isolées, plus profondes de 3 à 4 toises que la roche voisine. Plus loin à l'ouest, près de la jonction du Caura avec l'Orénoque, un grand espace couvert de bois, auprès de la mission de san Pedro d'Alcantara, s'enfonça lors du tremblement de terre de 1790. Il s'y forma un lac qui a plus de trois cents toises de diamètre. Les arbres élevés, tels que les *desmanthus*, les *hymenea* et les *uvaria*, conservèrent long-temps sous l'eau leurs feuilles et leur verdure.

---

[3] Leur image tremblante paraît doublée, p. 5.

L'aspect lointain des steppes surprend d'autant plus, que dans l'épaisseur des forêts on a été plus habitué à un horizon

resserré, et à la vue d'une nature richement parée. Ce sera pour moi une impression ineffaçable que celle que me firent éprouver les llanos, lorsque, à notre
retour de l'Orénoque supérieur, nous les
revîmes pour la première fois dans un
grand éloignement, du haut d'une montagne vis-à-vis l'embouchure du Rio-
Apuré, au Hato du Capucino. Le soleil
venait de se coucher. La steppe nous parut bombée comme un hémisphère. Les
astres qui se levaient se refléchissaient dans
la couche la plus basse de l'air. Car, lorsque la plaine a été extraordinairement
échauffée par l'effet des rayons perpendi-
culaires du soleil, le jeu de la réfraction
de la chaleur et du courant d'air qui s'é-
lève, dure même pendant la nuit.

⁴ Semblable à la pierre nue , p. 5.

Des espaces immenses dans lesquels des
roches dures et plates se montrent seules
à la vue, donnent aux déserts de l'Afrique
et de l'Asie un caractère particulier. Dans
le Chamo, qui sépare la Mongolie de la
Chine, ces bancs de rochers se nomment
Tsi. Dans les plaines boisées de l'Orénoque, ils sont entourés de la végétation la
plus riche (Relation historique, T. II,
p. 279.)

⁵ Aux savanes du Missouri , p. 7.

Nos idées sur la géographie physique et
la géognosie de l'Amérique septentrionale,
ont récemment été rectifiées sur plusieurs
points par les voyages hardis du major
Long et les travaux excellens de son
compagnon M. Edwin James. Tous les

renseignemens recueillis ont démontré clairement ce que je pouvais seulement exposer comme une présomption sur les chaînes de montagnes et les plaines du nord dans mon Ouvrage sur la Nouvelle-Espagne. En histoire naturelle , comme dans les recherches historiques, les faits restent long-temps isolés, jusqu'à ce que l'on réussisse, par des travaux pénibles, à les réunir et à les coordonner. La côte orientale des États-Unis de l'Amérique septentrionale se dirige du sud-ouest au nord-est, de même qu'au-delà de l'équateur, la côte du Brésil, depuis le Rio de la Plata jusqu'à Olinda. Dans ces deux pays, à une différence peu considérable de la côte maritime, s'élèvent deux files de montagnes plus parallèles entre elles que la chaîne des Andes, situées plus à l'ouest, que les cordillères du Chili et du

Pérou, ou que les monts Rocky du Mexique, du système septentrional. Le système
de montagnes de l'Amérique méridionale,
celui du Brésil, forme un groupe isolé,
dont les cimes les plus hautes, l'Itacolumi
et l'Itambè n'ont pas plus de 900 toises
de hauteur absolue. Les dos de montagnes
les plus prochesr de la mer sont seuls di-
rigés régulièrement du sud-sud-ouest au
nord-nord-est; le groupe s'élargit dans
l'ouest en même temps que son élévation
diminue considérablement. Les chaînes
de collines des Parécis s'approchent des rives de l'Itènés et du Guaporé, de même que
les montagnes d'Aguapèhy et de San-Fernando, au sud de Villabella, s'avancent
près des hautes chaînes des Andes de Cochabamba et de Santa-Cruz de la Sierra.
Il n'existe pas de liaison entre le système
de montagnes de la côte de l'océan atlan-

tique et celui de la côte du grand océan ;
l'abaissement du terrain dans la province
de Chiquitos, langue de terre dirigée du
nord au sud, et qui s'ouvre également dans
les plaines du fleuve des Amazones et dans
celles du Rio de la Plata, sépare le Brésil
occidental du Haut-Pérou oriental. Là,
comme en Pologne et en Russie, un dos
de montagne souvent insensible, et nommé
en langue slave *Ouvalli*, forme la ligne de séparation des eaux entre le Pil-
comayo et le Madeïra, entre l'Aguapèhy
et le Guaporé, entre le Paraguay et le
Rio-Tapuyos. Le seuil s'étend de Chayanta
et de Pomamamba (19°—20° lat. S.) vers
le sud-est, traverse l'abaissement de la province de Chiquitos devenue de nouveau
inconnue depuis l'expulsion des jésuites,
et forme, en se dirigeant au nord-est où
des montagnes isolées s'élèvent, la ligne

1.   6

de partage des eaux aux sources du Bau-
rés et à Villabella (15°—17° lat. S.). Cette
ligne de partage, si importante pour la
communication des peuples et pour les
progrès de leur culture intellectuelle, répond, dans l'hémisphère septentrionale de
l'Amérique du Sud à une seconde qui sépare le bassin de l'Orenoque de celui du
Rio-Negro et du fleuve des Amazones.
On pourrait considérer ces élévations dans
les plaines, ou ces seuils, à des sytèmes de
montagnes non développés et destinés à
unir ensemble deux groupes qui semblent
isolés ; par exemple la Sierra de Parime,
et les monts du Brésil à la chaîne des Andes de Timana et de Cochabamba. Ces
rapports, négligés auparavant, servent de
base à la division que j'ai faite de l'Amérique méridionale en trois abaissemens ou
bassins, ceux du Bas-Orénoque, du fleuve

des Amazones , et du Rio de la Plata ;
abaissemens dont , ainsi que nous l'avons
observé plus haut, les *steppes* ou les savanes sont les extrémités , et dont la partie
moyenne entre la Sierra-Parime et le groupe des montagnes du Brésil , doit être re-
gardée comme une plaine boisée ou *Hylæa.*

Si l'on veut décrire avec un aussi petit
nombre de traits l'aspect physique de l'A-
mérique septentionale , que l'on jette les
regards sur la chaîne des Andes d'abord
si étroite , puis augmentant en hauteur et
en largeur , en se dirigeant du sud - est
au nord-ouest, de l'isthme de Panama , à
travers le Veragua et le Guatemala , puis
dans la Nouvelle-Espagne. Ce dos de montagnes , siège d'une ancienne civilisation.
oppose également une barrière au courant général de la mer entre les tropi-

ques, et a une prompte communication de l'Europe et de l'Afrique occidentale avec la Chine. Depuis le parallèle du 17° degré de latitude nord, depuis le célèbre isthme de Guasacualco-, il s'éloigne de la côte du grand océan en s'avançant du sud au nord , et devient une cordillère de l'intérieur. Dans le Mexique septentrional et le Canada occidental , la Sierra de las Grullas compose une partie des monts Rocky. De son revers occidental coulent la Columbia et le Rio - Colorado de Californie ; de l'oriental , le Rio - Roxo de Natchitoches, de la Rivière canadienne, de l'Arkansà, et de la Platte ou peu profonde , qu'un géographe ignorant a transformée récemment en Rio de la Plata ou rivière d'argent. Entre les sources de ces rivières (37° 20′ à 40° 13′) s'élèvent trois pics énormes de granit pauvre en

mica , et riche en diabase , nommés
les pics Spanish (espagnol), James et
Long *. Leur hauteur dépasse celle de
toutes les cimes de la chaîne des Andes
qui, depuis le parallèle du 18e et du 19e degrés, ou du groupe d'Orizaba (2771 T.),
et de Popocatepetl (2771 T.), à Santa-
Fé et à Taos dans le Nouveau-Mexique,
n'atteint nulle part à la limite des neiges
perpétuelles. Le pic James (38° 38′ latit. N.,
107° 52′ longit. O.) a, dit-on, 1978 toises
d'élévation absolue; mais sur cette quantité, on n'a mesuré trigonométriquement
que 1333 toises ; les 463 autres sont , en
l'absence de toute mesure barométrique,
déduites d'estimations incertaines de la

---

* *Mémoire géographique* de Tanner (1823),
p. 16. Melish et James donnent simplement au Pic
Long, le nom de Pic le plus élevé ou Big-horn.

pente des rivières *. Depuis le 40° degré de latitude, les monts Rocky tournent au nord-ouest, et s'abaissent vers le fleuve Mackenzie qui a son embouchure dans la mer polaire par 68° de latitude nord et 150° 20′ de longitude occidentale.

Depuis les rochers granitiques de Diégo-Ramirez et le cap de Horn jusqu'à cette

---

* Comme il n'est presque pas possible d'entre-prendre une mesure trigonométrique à la surface de la mer, les déterminations des hauteurs inac-cessibles sont toujours en partie trigonométriques, en partie barométriques. L'estimation de la pente des rivières, de leur vitesse et de la longueur de leur cours sont si trompeuses que la plaine au pied des monts Rocky, près du point nommé dans le texte sommet de la montagne, a été estimée tantôt à 8000, tantôt à 3000 pieds d'élévation (*Long's, Expédition*, T. II, p. 36, 362, 382. Appendix, p. XXXVII). C'est de même par une suite du man-

mer polaire, les cordillères des Andes ont
une longueur de 2800 à 3000 lieues ma-
rines ; elles ne sont pas la chaîne de montagnes la plus élevée, mais elles sont la plus
longue de notre planète ; elles ont peut-
être été soulevées à travers une crevasse
qui, dirigée du nord au sud, presque d'un
pôle à un autre, parcourt la moitié de la
terre : sa longueur égale la distance des
colonnes d'Hercule au cap Glacé sur la

---

que de baromètre que la hauteur véritable de
l'Himalaya est restée si long-temps incertaine : mais
aujourd'hui la culture des sciences a fait de si
grands progrès dans les Indes orientales, que le
major Gérard s'étant élevé sur le Tarhigang près
du Setledje au nord de Chipkè, à une hauteur de
19,411 pieds anglais, il lui restait encore quatre
baromètres, après en avoir cassé trois (*Critical
Researches on Philology and Geography*, 1824,
p. 144.)

côte des Tchouktchi dans le nord-est de l'Asie.

Il ne faut pas confondre avec les montagnes centrales de l'Amérique septentrionale, ou les Andes du Mexique et du Canada, les Alpes maritimes de la Californie et de la Nouvelle - Albion, qui ne sont unies entre elles que par des chaînons transversaux entre le 46° et le 48° degrés de latitude. Ces Alpes maritimes s'étendent du cap San - Lucas à l'extrémité méridionale de la Californie, jusque dans l'Amérique russe où le mont Saint-Élie, dans le cas où le résultat de Malaspina (2792 T.) serait à préférer à celui de La Pérouse (1980 T.), l'emporte en élévation, même sur les montagnes neigeuses d'Anahuac. Les chaînes de ces monts neigeux, c'est-à-dire les Andes du Mexique

et du Canada, n'ont aucun volcan brûlant
actuellement, au nord du 20e degré de
latitude ; mais ici, de même que dans
l'Amérique méridionale, on remarque
que, lorsque le feu souterrain devient invisible dans une chaîne, il se fait jour
dans une autre dont la direction est parallèle. Le volcan de Colima, situé, suivant le capitaine Basil Hall, par 19° 36′
de latitude, est le dernier de la cordillère du Mexique. Depuis les côtes de Mé-
choacan et de Guadalaxara, les crevasses
d'éruption semblent ne s'être maintenues
ouvertes que vers le nord-ouest. Dans les
Alpes maritimes de la Californie, on a vu
la Sierra de las Virgines vomir de la fumée ; et du New - Norfolk à la presqu'île
d'Alaska, le littoral et le fond de la mer
sont sans cesse ébranlés par les forces souterraines. En 1784, une île s'éleva près

d'Ounalachka ; les Russes la nommèrent *Gromov-Syn* (fils du tonnerre).

Entre la chaîne des Andes du Mexique, à laquelle appartiennent les monts Stony ou Rocky et les Alleghani, dont la cime la plus élevée n'atteint pas 1100 toises au-dessus du niveau de la mer, une plaine immense se prolonge de la mer des Antilles à la mer d'Hudson. A l'est du Mississipi , des forêts impénétrables couvrent le sol ; à l'ouest s'étendent des savanes où paissent des troupeaux de bisons (*bos americanus*), et de bœufs musqués (*bos moschatus*). Ces deux animaux , les plus grands du nouveau monde, servent à la nourriture des sauvages nomades, *Apaches-Llaneros* et *Apaches-Lipanos*. Le bison, appelé *cibolo* par les Mexicains , n'est recherché que pour sa langue , mets très délicat.

Il n'est nullement une variété de l'*urus* de
l'ancien monde, quoique d'autres espèces
d'animaux, telles que le renne, l'élan et
les hommes trapus des régions polaires,
soient communes aux parties septentrionales de tous les continens, comme des
preuves de leur ancienne union. Les
Mexicains donnent, en dialecte aztèque,
le nom d'*oquichquaquave* au bœuf européen, ce qui signifie animal cornu, du
mot *quaquavitl,* corne. Les cornes monstrueuses qu'on a trouvées dans de vieux
édifices mexicains près de Cuernavaca,
au sud-ouest de Mexico, me paraissent
appartenir au bœuf musqué. On peut ap-
privoiser le bison canadien, et le rendre
propre à l'agriculture. Il produit avec le
bœuf d'Europe ; mais on ne sait pas encore si cette race mélangée est féconde
et peut se propager. La nourriture favo-

rite du bison est le *tripsacum dactyloïdes*, plante graminée appelée *buffalo - gras* (herbe au bison), dans la Caroline du nord , et une espèce de trèfle voisine du *trifolium repens*, que M. Barton a distinguée par le nom de *trifolium bisonicum* (*buffalo clover*), trèfle du bison.

[6] Voisin des monts basaltiques d'Haroutch, p. 7.

Auprès des lacs de Natron d'Egypte , qui du temps de Strabon n'étaient pas encore divisés en six réservoirs , s'élève au nord de Libbak une chaîne de collines escarpées ; elles se dirigent d'orient en occident , au-delà du Fezzan, où elles paroissent se réunir à l'Atlas. Elles séparent dans le nord - est de l'Afrique , comme l'Atlas dans le nord-ouest, la Libye d'Hérodote habitée et voisine de la mer , du

pays des Berbères ou Biledulgerid, fécond
en animaux. Sur les confins de l'Egypte
moyenne, toute la région, au sud du tren-
tième parallèle, est une mer de sable, où
l'on trouve éparses des oasis, ou îles riches
en sources et en végétaux. Le nombre de
ces oasis dont les anciens ne connaissaient
que trois et que Strabon compare aux
taches de la peau de la panthère, a considérablement augmenté, graces aux découvertes des voyageurs modernes *. La troisième oasis des anciens, nommée aujour-
d'hui Syouah, était le nome ammonique,
État gouverné par la caste des prêtres, et
lieu de repos pour les caravanes ; elle renfermait le temple de l'Ammon cornu ** et

---

* Caillaud. *Voyage à l'oasis de Thèbes*, p. 54.

** Diodore distingue le temple situé dans le
fort, du temple de la forêt, près du puits du Soleil.

le puits du soleil, dont l'eau devenait plus
fraîche à certaines époques périodiques.
Les ruines d'Ummibida (Omm-Beydah)
appartiennent incontestablement au cara-
vanseraïl fortifié du temple d'Ammon, et
par conséquent aux plus anciens monumens de la première civilisation humaine
qui soient parvenus jusqu'à nous.

Le mot oasis est égyptien, et a la même
signification qu'Auasis et Hyasis *. Abul-
feda appelle l'oasis *al-ouahat*. Sous les
derniers empereurs romains, on envoyait
les malfaiteurs dans les oasis. On les

(Diod. édit. Wessel. p. 589.) Caillaud, *Voyage à
Syouah*, p. 14. Ideler dans les *Fundgruben des
Orients*, T. IV, p. 369 — 411.

* Strabon, l. XVII, p. 1140. ed. Almeloveen.—
Herodote, l. III, p. 207. ed. Wessel.

exilait dans ces îles de la mer de sable,
de même que les Anglais et les Espagnols
les déportent aujourd'hui à la Nouvelle-
Hollande et aux îles Malouines. Il est plus
facile de s'échapper par l'océan, que par le
désert qui entoure les oasis. Leur fertilité
diminue par l'empiètement * progressif
des sables.

Les petites montagnes d'Haroutch sont
composées de collines de basalte de forme
grotesque. Cette chaîne est le *mons ater* de
Pline. Elle a été examinée récemment par
mon malheureux ami Ritchie, dans son

---

* L'ouvrage parfait de M. Ritter sur la *Géographie de l'Afrique* (1822. T. I. p. 988, 993, en allemand), et l'excellente *carte d'Afrique*, de Ber-
ghaus ; sur laquelle cet auteur a représenté d'une
manière ingénieuse et qui lui est particulière, les
inégalités du terrain.

prolongement occidental où elle s'appelle
montagne de Soudah. Cette éruption du
basalte , dans un calcaire tertiaire , cette
suite de collines qui sont élevées en forme
de murs sur des couches , me paraît
analogue aux éruptions basaltiques du
Vicentin. La nature répète le même phénomène dans les régions les plus distantes.
Hornemann trouva dans les formations calcaires les plus récentes du Haroutch blanc
(*Haroudje al abiad*) , une quantité prodigieuse de têtes de poissons pétrifiées.
Ritchie et Lyon ont observé que le basalte
des monts Soudah était de même que celui
du mont Berico , mêlé intimement en plusieurs endroits , de calcaire carbonaté ,
phénomène qui vraisemblablement a une
liaison avec le passage à travers les couches
de calcaire. La carte de Lyon indique
même de la dolomie dans le voisinage.

Les minéralogistes modernes ont rencontré
en Égypte de la syenite et de la diabase primitive, mais point de basalte. Les anciens
auraient-ils donc tiré des montagnes de
l'ouest de ce pays, le véritable basalte qui
leur a servi à faire ces vases que l'on
trouve encore aujourd'hui ? Y aurait-il
aussi dans ces régions de la pierre obsidienne, ou bien faut-il chercher le basalte
et la pierre obsidienne près de la mer rouge?
La ligne d'éruptions basaltiques du Haroutch, sur le bord du désert d'Afrique, rappelle aux géographes les amygdaloïdes bul-
leuses à augites, la phonolithe et la diabase
porphyroïde que l'on ne découvre que sur
les confins septentrionaux et occidentaux
des steppes de Venezuela et d'Arkansas*,

---

* Humboldt. *Relation historique*, T. II, p. 142.
Long's. *Expedition to the Rocky mountains*, T. II,
p. 91 et 403.

I.   7

pour ainsi dire sur l'ancienne chaîne du rivage.

7 Se voyant tout à coup abandonné par le vent alisé de l'est, pag. 8.

Un phénomène remarquable, mais généralement connu des navigateurs, c'est que, dans les parages voisins de la côte d'Afrique, entre les îles Canaries et du Cap-Verd, et particulièrement entre le cap Bojador et l'embouchure du Sénégal, le vent d'ouest se fait sentir au lieu du vent d'est ou alisé, qui est général entre les tropiques. La vaste étendue du désert de Sahara est la cause de ce vent. L'air se raréfie au-dessus de cette surface de sable échauffé, et s'élève en direction perpendiculaire. L'air de la mer se précipite vers la terre pour remplir cet espace raréfié, et produit ainsi, le long de cette

partie de la côte occidentale d'Afrique, un
vent d'ouest contraire aux navires destinés
pour l'Amérique. Les marins, sans voir
le continent, éprouvent l'effet du sable
qui réfléchit la chaleur rayonnante. La
même cause produit le changement des
brises de terre et de mer, qui, sur toutes
les côtes, soufflent alternativement à
des instans déterminés du jour et de la
nuit.

Près des îles du Cap-Verd, la mer est
couverte d'une quantité prodigieuse de
varec (*fucus natans*). On voit d'autres
amas de cette plante marine dans des
parages plus au nord-ouest, presque sous
le méridien des îles Açores Cuervo et
Flores, entre les 23ᵉ et 35ᵉ parallèles
nord. Les anciens connaissaient ces parages, semblables à des prairies. « Des

« navires phéniciens, dit Aristote *,
« poussés par le vent d'est, arrivèrent,
« après une navigation de trente jours,
« dans un endroit où la mer était couverte
« de roseaux et de varec (Θρυον και φυκος) ».
Quelques personnes pensaient que cette
abondance de varec était un phénomène
qui prouvait l'ancienne existence de l'Atlantide engloutie. Il paraît que du temps

---

* Aristot. *de Mirabilibus*, p. 1157. ed. de Duval.
Paris.

Dans ce passage important, il est question
non des îles du Cap-Verd, mais d'un parage peu
profond, situé vers le 34e ou 36e parallèle. « Le
varec, dit Aristote, est mis à découvert par le
reflux, et le flux le recouvre » Ces bas-fonds
ont-ils disparu par quelque révolution volcanique, ou bien sont-ce les rochers vus au nord
de Madère par le capitaine Vobonne? Voyez
aussi la *Géographie d'Edrisi*, p. 157 éd. de Paris.
— 1619.

de Christophe Colomb ces faits étaient
oubliés ; car ses compagnons furent saisis
d'effroi en voyant si abondante en plantes
cette partie de la mer que les Portugais
appelaient *mar de Sargasso*. Les parages
couverts de varec aux environs des îles
du Cap-Verd sont décrits dans le périple
de Scylax *. « La mer, au-delà de Cerne,
« n'est plus navigable à cause de son peu
« de profondeur, des marécages et des
« varecs. Le varec a une coudée d'épais-
« seur ; son extrémité supérieure est
« pointue et piquante. » Si Cerne, comme
le suppose le célèbre antiquaire M. Idler,
est Arguin, ce passage du périple de
Scylax a rapport aux îles du Cap-Verd.

---

* Ed. de Gronovius. p. 126.

8 Les essaims nomades des Tibbous et des Touariks, p. 9.

Ces deux peuples habitent le désert entre le Bornou, le Fezzan et la basse Égypte.
C'est Hornemann qui, le premier, les a
fait connaître. Lyon a ensuite donné de
plus amples détails sur ces peuples. Les
Tibbos ou Tibbous errent dans l'est, et
les Touariks dans l'ouest de la grande mer
de sable. L'agililé des premiers leur a fait
donner le surnom d'oiseaux. On distingue
deux races de Touariks; celle d'Aghadès
et celle de Tagazi. Ils parlent la même
langue que les Berbères, et appartiennent
incontestablement aux habitans primitifs
de la Libye. Ils offrent un phénomène phy-
siologique bien remarquable; car quel-
ques-unes de leurs tribus sont, suivant la
nature du climat, blanches, jaunâtres, ou

presque noires ; mais sans avoir les cheveux crépus ni les traits nègres.

9 Le navire du désert, p. 10.

Dans les poésies orientales , le chameau
est appelé le navire de terre ou du désert.
— Voyez le Voyage de Chardin , T. II,
p. 192.

10 entre l'Altaï et le Tsoung–ling , p. 10.

L'énorme groupe de montagnes où, suivant l'expression commune , le plateau
des montagnes de l'Asie qui renferme la
petite Boukcharie, le Turkestan, la Dsoun-
garie, le Tibet, le Tangout et le pays
des Mongols Kalka et OElet, est situé entre
le 3o° et le 5o° dégré de latitude nord. On
se fait une idée fausse de cette partie de
l'Asie intérieure qui , pour l'étendue, et

même à peu près pour la forme, peut être comparée à la Nouvelle-Hollande, en se la représentant comme une seule masse compacte de montagnes, comme une élévation convexe sur laquelle se développe sans interruption, ainsi que sur les plateaux de Quito et de Mexico, une surface d'environ 160,000 lieues carrées, à une hauteur de 7,000 à 9,000 pieds au-dessus du niveau de la mer. Déja, dans mes *Recherches sur les montagnes de l'Inde septentrionale*, j'ai dit que, dans ce sens, il n'existe pas de plateau compacte de montagnes dans l'Asie intérieure. Sans doute, les contrées immenses qui s'étendent entre l'Himalaya et l'Altaï, quand même on les considérerait comme des plateaux et non comme de simples pentes de montagnes, surpassent en hauteur le fameux plateau de la province de Pastos, situé sur le dos

de la chaîne des Andes; mais la géographie des plantes, la vigne et le coton cultivés avec succès au nord des chaînes de
Tsoung-ling et de Kouen-lun, par exemple dans le pays de Hami, entre 36 et 42
degrés de latitude, et le degré de chaleur
que cette culture exige, démontrent suffi-
samment que des abaissemens considérables coupent cette masse des montagnes
de l'Asie.

M. Jules Klaproth a, par des recherches aussi pénibles qu'instructives, commencé à répandre du jour sur la situation
de ces chaînes de montagnes. Depuis, on
voit disparaître des cartes les noms vagues
de Moustag et de Moussart (proprement
Moussour, mont de glace), qui ne sont
réellement que des noms communs, et on
voit paraître ces montagnes comme les

représentent les écrivains mantchous et chinois, passionnés pour la géographie et la statistique. Les chaînes sont réellement entrelacées comme un réseau dans le groupe immense des montagnes de l'Asie intérieure; des changemens de direction brusques et presque à angle droit, tels qu'on ne les retrouve que dans la partie occidentale de nos Alpes d'Europe, y sont fréquens; néanmoins on reconnaît, dans cet entrelacement multiplié des groupes, quatre grandes lignes que l'on peut représenter comme dirigées de l'est à l'ouest, et de l'est-nord-est à l'ouest-sud-ouest. Ce sont :

1° Les *monts Himalaya*, nommés *Hindou-Kouh* dans l'ouest; où ils s'abaissent, vers Herat, et dans le Khoraçan; ensuite ils se relèvent dans le Demavend, au sud de la mer Caspienne, et dans l'Aderbaïdjan.

2° Les *monts Tsoung-ling :* le Moustag et le Mousart de plusieurs cartes (36° de lat.), nommés à l'ouest *Kouen-lun* ; ils s'étendent au nord du Tibet et du Katsi, au sud de Khotan, du lac Lop et du Tourfan.

3° Les *Thian chan*, ou *Monts Célestes* (43° lat.), entre le Tourfan, ou le système intérieur des rivières du lac Lop et le pays des Dsoungars, ou le lac Saïsan. Au nord-est, les Thian chan (Alak, Mousart et Bogdo des Cartes), se rattachent aux monts Nomkhoun, au sud-est, aux montagnes du Tangout. Entre ces deux branches, les monts Nomkhoun et les montagnes du Tangout, se trouve le bassin de Khamil ou Hami, remarquable par sa chaleur. A cette chaîne des Thian chan appartient le Bogdo oola (montagne Sainte) terminé par trois cimes, couvertes de neiges perpétuelles, et d'après lequel Pallas a donné le nom de Bogdo à toute la chaîne.

4° Le grand et le petit Altaï (47 à 52° de lat.), qui s'embranchent avec le Tang-nou et le Thian chan, et à l'est se prolonge par l'In-chan, chaîne très haute qui sépare le désert (Chamo ou Gobi) du bassin du fleuve Amour.

On ne sait pas encore quelle est la plus haute de ces chaînes de montagnes; car même dans l'Himalaya, partie de l'Imaüs sur l'étendue duquel les anciens ont bâti les systèmes les plus singuliers, les plus hautes cimes n'ont peut-être pas été encore mesurées. Des ambassadeurs anglais

se sont fait porter en litière à travers l'Inde
septentrionale jusqu'au Tibet ; ils venaient
de Calcutta où l'on peut aisément se procurer des baromètres, et cependant ils ne nous
ont rien appris sur l'élévation des plateaux
du Tibet. Nous devons donc recevoir avec
d'autant plus de reconnaissance les excel-
lentes mesures trigonométriques et barométriques faites depuis vingt ans par des
voyageurs anglais tels que MM. Cole-
brooke, Webb, Hodgson, Herbert, Gérard et Blake. Il est maintenant hors de
doute que diverses cimes de l'Himalaya
ont au moins 4,000 pieds français de hauteur de plus que le Chimboraço. On a cru
d'après une mesure d'angles exécutée à
une grande distance, que le pic Chama-
lari, près duquel Turner passa en allant à
Techou-Loumbou, et le pic Dhevalaghiri,
au sud de Moustoung, à la source du Gou-

dock, ont 4,390 toises* au-dessus du niveau
de la mer. La détermination de la hauteur
du Dhevalaghiri, donnée par Webb, a
même été confirmée par Blake ; toutefois,
dans la table des grandes chaînes de montagnes, que l'on trouvera plus bas, j'ai
accordé, pour l'Himalaya, la préférence
au Djavahir, 30° 22′ 19″ lat., mesuré
avec une grande exactitude par Herbert
et Hodgson.

---

* *Journal of the royal institute*, 1811. T. 11,
p. 242.

CHAINES DE MONTAGNES.	Plus hautes cimes.	Hauteur moyenne des crêtes.
	toises.	toises.
Himalaya (entre lat. N. 30° 18′ et 31° 53′, et entre long E. de Paris, 75° 23′ et 77° 38′).	4,026	2,450
Andes (entre lat. N. 5° et S. 2°).	3,350	1,850
Alpes de la Suisse *.	2,460	1,150
Pyrénées **.	1,787	1,150

Les passages de l'Himalaya, qui con-

---

* Ludwig von Welden. *Uber den monte Rosa* (1824), p. 29. Monte Rosa 2370 toises, mont Cervin 2309; Finster Aahorn 2206.

** La plus haute cime des Pyrénées est, ainsi qu'on l'a reconnu récemment, le pic d'Anethou ou Malahita, partie orientale de la Maladetta. Il a 40 toises de plus que le Mont-Perdu. (Vidal et Reboul dans les *Annales de Chimie et de Physique*, T. V, p. 234 ; Charpentier, *Essai sur la constitution géognostique des Pyrénées* (1823), p. 539.

duisent de l'Hindoustan dans la Tartarie
chinoise, ou plutôt dans le Tibet occidental, ont de 2,400 à 2,700 toises d'élévation.
Dans la chaîne des Andes, j'ai trouvé le
passage d'Assuay, entre Quito et Cuenca, à
la Ladera de Cadlud, élevé de 2,428 toises.
Une grande partie des plaines hautes de
l'intérieur de l'Asie serait couverte de
neiges et de glaces perpétuelles, si l'action
de la chaleur rayonnante, et la forte chaleur du soleil propre au climat continen
tal de l'est n'élevait d'une manière surprenante, peut-être à 2,500 toises au-dessus du niveau de la mer, les limites des
neiges perpétuelles sur la pente septentrionale de l'Himalaya. On dit qu'on y a
trouvé, même à 2,334 toises, des pâtu-
rages et des champs cultivés, tandis que
sur la pente méridionale de la chaîne, la
limite des neiges perpétuelles descend jus-

qu'à 1,900 toises. Sans cette distribution
remarquable de la chaleur dans les couches supérieures de l'air, les hautes plaines
du Tibet occidental ne pourraient être ha-
bitées par des millions d'hommes *.

11 Une race de pasteurs basanés, les Hiong nou, p. 13.

Les Hiong nou, que De Guignes et plusieurs autres auteurs croient être les Huns,
habitaient l'immense contrée de la Tartarie qui confine à l'est à Uo-leang-ho, le
territoire actuel des Mantchous, au sud
à la muraille de la Chine, à l'ouest à U-siun,
et au nord au pays des Eleuths. Les Huns
septentrionaux, pasteurs grossiers qui ne

---

* Humboldt, *Premier Mémoire sur les Montagnes de l'Inde*, dans les *Annales de Chimie*, T. III,
p. 297. *Second Mémoire*, T. XIX, p. 51. Klaproth,
Asia Polyglotta, p. 147, 205, 210. *Quarterly re-
view*, n° 44 (1820), p. 415-430.

I.   8

connaissaient pas l'agriculture, étaient d'un
brun foncé ; les Hiong nou ou Haïatelah
plus méridionaux, sont les nations des
Euthalites ou Nephtalites, dont il est souvent fait mention dans les écrivains by-
zantins ; ils habitaient sur les côtes orientales de la mer Caspienne, et avaient le
visage assez blanc. Ils exerçaient l'agriculture et demeuraient dans des villes. On
les appelle souvent Huns blancs, et d'Her-
belot dit que ce sont des Indo-Scythes.
Sur *Pounou*, chef ou tanju des Huns,
et sur l'extrême sécheresse et la famine
qui eurent lieu l'an 46 après J.-C., et qui
occasionèrent la migration d'une partie
de la nation, vers le Nord, voyez De
Guignes, *Hist. des Huns*, T. I, ch. 2,
p. 13, 123, 223, 447.

Toutes ces notions sur les Hiong nou,

tirées du même ouvrage, ont été récemment soumises par M. Klaproth à un examen sévère. Il résulte du travail de ce savant que les Hiong nou appartiennent aux nombreuses tribus turques des monts Altaï et Tangnou qui se sont répandues si loin. Dans le troisième siècle avant l'ère chrétienne, le nom de Hiong nou était la dénomination commune donnée aux Ti ou Turcs, dans le nord et le nord-ouest de la Chine. Les Hiong nou méridionaux se soumirent aux Chinois, et, conjointement avec eux, détruisirent le royaume des Hiong nou du nord. Ceux-ci furent forcés de fuir à l'ouest, fuite qui semble avoir donné la première impulsion à la migration des peuples de l'Asie centrale *. Les

---

* Klaproth, *Asia Polyglotta*, p. 211. — *Tableaux historiques de l'Asie*, p. 109.

Huns, que l'on a long-temps confondus
avec les Hiong nou, de même que les Oui-
gour avec les Ougours et les Oungres, appartiennent, suivant M. Klaproth, à la famille Ouralienne connue sous le nom de *Finois*, famille qui se mêla fréquemment avec
les Germains, les Turcs et les Samoïèdes.

¹² Point de pierres taillées, p. 15.

Sur les bords de l'Orénoque, près de
Caicara, où la contrée boisée confine à la
plaine, nous avons effectivement trouvé
des figures du soleil et d'animaux gravées
sur les rochers ; mais dans les llanos, on
n'a pas découvert de vestige de ces monumens grossiers d'anciens habitans. On doit
regretter de n'avoir obtenu aucun rensei-

* *Asia Polyglotta*, p. 183-189.

gnement satisfaisant sur un monument qu'on avait envoyé en France au comte de Maurepas, et qui, selon le récit de Kalm *, avait été trouvé par M. de Verandrier dans les savanes du Canada, à 900 lieues à l'ouest de Montréal, dans une expédition aux côtes du grand Océan. Ce voyageur rencontra au milieu de la plaine des masses prodigieuses de pierre, élevées par la main des hommes ; sur l'une d'elles on vit quelque chose qu'on prit pour une inscription tartare **. Comment un monument aussi intéressant n'a-t-il pas été examiné ? Devait-on y voir réellement des

---

* Voyage de Kalm, — T. III. — p. 416 de la traduction allemande.

** *Archæologia or miscellaneous tracts published by the society of antiquarians of London*, T. VIII, p. 304.

lettres, ou bien un tableau historique, comme ce qu'on a appelé l'inscription phénicienne trouvée sur les rives du Taunton-river, dont Court de Gebelin* a donné la gravure et l'explication? Je pense que très probablement des peuples civilisés ont jadis parcouru cette plaine; des tertres tumulaires de forme pyramidale et des remparts d'une longueur extraordinaire, que l'on trouve entre les monts Rocky et les Alleghani semblent donner la preuve de la marche de ces peuples**. Verandrier

---

* Court de Gebelin, *Monde primitif,* T. VII, p. 57-59, et 561-567.

Nota. Il appelle constamment la rivière *Jaunston,*

** J'ai rassemblé récemment beaucoup de faits qui ont rapport à ces traces de civilisation ancienne des peuples de l'Amérique septentrionale ; c'étaient peut-être des Aztèques. *Relation historique,* T. III, p. 155.

fut expédié par le chevalier de Beauhar-
nois, gouverneur-général du Canada, à
peu près vers l'an 1746. Plusieurs jésuites
de Quebec assurèrent à Kalm qu'ils
avaient tenu l'inscription dans leurs mains;
elle était gravée sur une petite tablette
que l'on avait trouvée fixée dans un pilier
sculpté. J'ai engagé plusieurs de mes amis
en France à faire des recherches pour découvrir ce monument, dans le cas où il
aurait existé dans la collection de M. de
Maurepas. M. de Verandrier prétendait
aussi avoir découvert, dans les savanes
du Canada occidental, durant des journées
entières, de longues traces de sillons de
charrue; d'autres voyageurs avant lui di-
saient avoir remarqué la même chose.
Mais la charrue était un instrument entièrement inconnu aux habitans primitifs
de l'Amérique; de plus le manque de bes-

tiaux et le vaste espace que ces sillons occupent dans la savane, me font conjecturer que c'est par le mouvement d'une
grande masse d'eau que la surface du sol a
pris l'aspect singulier d'un champ labouré.

¹³ Comme un bras de mer, p. 16

La grande steppe, qui s'étend de l'est à
l'ouest, depuis l'embouchure de l'Orénoque,
jusqu'aux montagnes de Mérida couvertes
de neige, tourne au sud sous le huitième
parallèle, et remplit l'espace situé entre
la pente orientale des monts élevés de
Nueva-Granada, et les rives de l'Orénoque qui, dans cet endroit, coule au
nord. Cette partie des llanos, arrosée par
le Meta, le Vichada, le Zama et le Guaviare, unit le bassin de l'Amazone avec
celui de l'Orénoque. Dans les colonies espagnoles, on appelle *paramo* toutes les

montagnes qui s'élèvent depuis 1,800 jusqu'à 2,200 toises au-dessus du niveau de
la mer, et dont le climat est dur et inhospitalier. Chaque jour voit tomber de la
neige et de la grêle, durant des heures
entières, sur le haut des *paramos*. Les arbres y sont rabougris et étendus en éventail ; mais leurs branches noueuses sont
ornées d'un feuillage frais et toujours vert ;
la plupart ont un aspect qui rappelle celui
du laurier et du myrthe. L'*escallonia tubar*, l'*escallonia myrtilloïdes*, les *freziera*
et notre *myrtus microphylla* *, peuvent
donner une idée de cette *physionomie de
plantes*. Au sud de Santa-Fe de Bogota,
on trouve le fameux *paramo de la summa
Paz*, groupe isolé de montagnes où, sui-

---

* Humboldt, et Bonpland, *Plantes équinoxiales*,
T. I, p. 19.

vant la tradition des indigènes, il y a de
grands trésors cachés. De ce *paramo* sort
un ruisseau qui, dans le ravin d'Ycononzo,
roule en écumant sous un pont naturel
très remarquable.

14 On ne faisait pas attention aux chaînons, p. 16.

L'espace immense qui s'étend de la côte
orientale de l'Amérique du Sud jusqu'à la
pente orientale des Andes, est rétréci par
deux masses de montagnes qui séparent les
unes des autres les trois plaines ou bassins
de l'Orénoque inférieur, de l'Amazone et
du Rio de la Plata. La plus septentrionale
de ces deux masses, le groupe de la Parime est situé vis à vis des Andes de Cundi-
namarca, qui s'étendent beaucoup à l'est; et
entre 68 et 70 degrés de longitude, atteint
une grande hauteur. La chaîne étroite de

Pacarayma la réunit aux collines granitiques de la Guiane française. La carte de
la Columbia, que j'ai tracée d'après des
observations astronomiques, représente fi-
dèlement cette jonction. Les Caraïbes qui,
des missions de Carony, se rendent aux
plaines du Rio Branco, et jusqu'à celles
des frontières du Brésil, franchissent dans
ce voyage les dos de Pacarayma et de
Quimiropaca. La seconde masse de montagnes qui sépare le bassin de l'Amazone
de celui du Rio de la Plata est le groupe
du Brésil. Dans la province de Chiquitos,
à l'ouest de la ligne des collines de Parexis,
il se rapproche du contrefort des Andes
de Santa-Cruz de la Sierra. Le groupe de
la Parime, qui produit les grandes cataractes de l'Orénoque, ni le groupe des
montagnes du Brésil ne se rattachant immédiatement à la chaîne des Andes, il en

résulte que les plaines de Venezuella tiennent immédiatement à celles de la Pa-
tagonie (*Esquisse d'un tableau géognostique de l'Amérique méridionale*, dans
le T. III de ma *Relation* historique,
p. 188-224).

15 Des hordes de chiens devenus sauvages, p. 17.

Dans les savannes ou *Pampas* de Buenos-Ayres, les chiens d'Europe sont devenus sauvages. Ils vivent en société dans
des trous où leurs petits se cachent. Si la société devient trop nombreuse, quelques
familles la quittent et fondent une nouvelle colonie. Le chien d'Europe, devenu
sauvage, aboie aussi fort que le chien indigène de l'Amérique. Garcillasso rapporte qu'avant l'arrivée des Espagnols,
les Péruviens avaient l'espèce de chien

appelée *perros gozques.* Il donne au chien
indigène le nom d'*allco*. Pour distinguer
ces deux animaux dans la langue des Qqui-
chuas, on appelle le dernier *run allco*,
chien indien. Ce *run allco* paraît n'être
qu'une simple variété du chien de berger. Il est plus petit, a le poil long avec
des taches blanches et brunes, et les
oreilles droites et pointues. Il aboie beaucoup, mais il ne mord que très rarement.
L'inca Pachacutec, dans une de ses guerres
religieuses, ayant vaincu les Indiens de
Xauxa et de Huanca, et les ayant conver-
tis par violence au culte du soleil, trouva
établi chez eux le culte des chiens. Les
prêtres faisaient une sorte de cor avec le
crâne du chien. Les fidèles mangeaient en
substance la divinité du chien *. Lors des

---

* *Commentarios reales,* T. I, p, 104.

éclipses de lune, les chiens du Pérou
jouaient leur rôle : on les battait jusqu'à
ce que l'éclipse fût finie. Le seul chien
muet, mais entièrement muet, était le te-
chichi du Mexique, variété du chien commun appelé chichi. Peut-être le mot techi-
chi vient-il du mot radical de la langue
aztèque *techichializtli*, attendre ou guet-
ter l'ennemi. Les habitans, ainsi que les
Tatares, se nourrissaient de ce chien
muet. Cet aliment était si nécessaire aux
Espagnols mêmes, avant l'introduction
des bestiaux, que peu à peu toute la race
en fut détruite *. Buffon confond le techi-
chi avec le coupara de la Guyane**. Ce
dernier est identique avec l'*ursus cancri-*
vorus, ou l'aguara-guazu mangeur de

---

* Clavigero. *Storia di Messico*, T. I, p, 73.
** Buffon, T, XV, p. 153.

moules, de la côte des Patagons *. Linné,
au contraire, confond le chien muet avec
l'itzcuinte-potzoli, espèce de chien encore
assez imparfaitement décrite, et qui se distingue par une queue courte, une tête très
petite et une grosse bosse sur le dos. Ce
qui m'a extrêmement surpris en Amérique, et surtout à Quito et au Pérou, c'est
le grand nombre de chiens noirs sans poil
que Buffon appelle chiens turcs **. Cette
variété y est très commune ; mais, en général, très méprisée et très maltraitée. Ces
chiens existaient-ils dans le Nouveau-
Monde avant sa découverte par les Européens ? Les Portugais les y ont-ils apportés
d'Afrique, ainsi que d'autres productions
de cette contrée ? ou bien est-ce l'influence

---

* Azara *sur les quadrupèdes du Paraguay*, T. I,
p. 315.

** *Canis Ægyptius*, Linnæi.

du climat qui a créé cette variété dans le nouveau continent? Cette dernière conjecture est à peu près invraisemblable ; car tous les chiens d'Europe se propagent très bien en Amérique, et si l'on n'y trouve pas d'aussi jolis chiens, cela tient au peu de soin qu'on en prend, et peut-être aussi à ce qu'on n'y a pas introduit les plus belles variétés, telles que les levrettes et les danois mouchetés. Dans les colonies espagnoles, on regarde le chien sans poil comme venant de la Chine ; on l'appelle *perro chinesco* ou *chino*, et on croit que la race en a été apportée de Canton ou de Manille. Un animal indigène du Mexique était le loup appelé *xaloitzcuintli,* très grand, entièrement dénué de poils, et ressemblant au chien. M. Barton * trouve

* Smith's Barton's *Fragments of the natural history of Pensylvania,* **T. 1,** p. 54.

une ressemblance frappante entre tous les noms qui, dans l'ancien et le nouveau continent, désignent le chien. Le mot latin *canis* a une analogie complète avec le *me-kannè* des Ouanaumih, nation canadienne, et avec le *kannang* des Samoyèdes asiatiques. Il y avait aussi des chiens européens devenus sauvages dans les îles de Cuba et de Saint-Domingue, quand elles furent conquises par les Espagnols *.

Dans les savanes entre le Méta, l'Arauca et l'Apurè, on a mangé, jusque dans le seizième siècle, des chiens muets (*perros mudos*); les indigènes les nommaient *majos* ou *auries*, suivant Alphonse de Herrera qui, en 1535, fit une expédition à l'Orénoque. M. Giseke, voyageur très

---

* Garcilasso, T. p. 326.

I.   9

instruit, a trouvé la même variété de chien
au Grœnland. Les chiens des Eskimaux
vivent constamment en plein air; ils se
creusent, pour la nuit, des trous dans la
neige, et hurlent comme les loups. Au
Mexique, on châtrait les chiens afin qu'ils
devinssent plus gras et plus savoureux.
Sur les limites de la province de Durango,
et plus au nord sur les rives du lac de l'Esclave, les indigènes chargent leurs tentes
de peau de bison sur de grands chiens,
lorsqu'au changement de saison ils se trans-
portent d'un lieu à un autre. Tous ces
traits rappellent la vie des peuples de
l'Asie orientale. (Humboldt, *Essai politique sur la Nouvelle-Espagne*, T. II,
pag. 48 , *Relation historique*, T. II,
p. 625).

16 Des causes multipliées et en partie encore peu développées, p. 18.

J'ai essayé de rassembler dans un tableau les nombreuses causes de l'humidité
et du moindre degré de chaleur de l'Amérique. On comprend bien qu'il n'est ici
question que de la constitution *hygrosco-
pique* de l'air en général, ainsi que de la
température de tout le nouveau continent.
Quelques contrées, par exemple l'île de la
Marguerite, les côtes de Cumana et de
Coro, sont aussi chaudes et aussi arides
qu'aucune partie de l'Afrique. Le maxi-
mum de la chaleur, lorsque l'on prend
un grand nombre d'années se trouve
presque égal, sous tous les parallèles
du monde, sur les bords de la Neva, du
Sénégal, du Gange et de l'Orénoque,
c'est-à-dire qu'il est toujours entre le 30ᵉ et

le 32ᵉ degré de Réaumur. Il ne s'élève
pas plus haut, si l'on fait les observations
à l'ombre, loin de tout corps solide qui réfléchit la chaleur, et non dans un air rempli d'une poussière échauffée, ou de grains
de sable, ni avec un thermomètre à l'esprit de vin qui absorbe la lumière. La température moyenne des régions du tropique
ou du climat des palmiers, est entre 21
et 22 degrés 7 de Réaumur, et l'on ne
remarque pas de différence entre les observations recueillies au Sénégal, à Pon-
dichéri et à Surinam*.

La grande fraîcheur, l'on pourrait même dire le froid qui règne presque toute
l'année le long de la côte du Pérou sous le

---

* Humboldt, *Mémoire sur les lignes isothermes*
(1817), p. 54.

tropique, et qui fait baisser le thermomètre à 10 degrés, n'est nullement, comme
j'espère pouvoir le démontrer, un effet du
voisinage des montagnes couvertes de
neige; mais est due plutôt à ce brouillard (guara) qui voile le disque du soleil,
et à ce courant très froid d'eau de mer qui
se porte avec impétuosité vers le nord,
depuis le détroit de Magellan jusqu'au cap
de Pariña. Sur la côte de Lima, la tem-
perature du grand Océan est à 12°,5; tandis que, sous le même parallèle, mais
hors du courant, elle est à 21°. Il est singulier qu'un fait aussi surprenant n'ait pas
encore été remarqué.

17 L'Amérique est sortie plus tard de l'enveloppe aquatique
du chaos, p. 21.

Un naturaliste très ingénieux, M. Smith

Barton *, a déja dit avec beaucoup de justesse : « Je ne puis considérer que comme
« puérile et nullement prouvée par l'évi-
« dence naturelle, la supposition qu'une
« grande partie de l'Amérique est sortie
« du sein des eaux plus tard que les au-
« tres continens. » Qu'on me permette de
citer aussi un passage d'un mémoire que
j'ai composé sur les peuples primitifs de
l'Amérique **. « Des écrivains justement
célèbres ont trop souvent répété que l'A-
mérique est, dans toute l'étendue du mot,
un continent nouveau. Cette richesse de
végétation, cette masse de fleuves immenses, ces grands volcans toujours en
fermentation, annoncent, disent-ils, que

---

* *Fragments of the natural history of Pensylvania*, T. I, p. 4.

** *Berliner Monatschrift*, T. XV, p. 190.

la terre, sans cesse tremblante et non entièrement séchée, y est moins éloignée
de l'état primitif du chaos que dans l'ancien continent. Long-temps avant mon
voyage, des idées semblables m'ont paru
aussi peu philosophiques qu'opposées aux
lois de la physique généralement connues. Ces images de jeunesse et de désordre, ainsi que d'une sécheresse et d'un
manque progressif de vigueur de la terre
viellissante, ne peuvent naître que chez
ceux qui s'amusent à saisir des contrastes
entre les deux hémisphères, et n'embrassent pas d'un coup-d'œil général la
constitution de notre planète. Dira-t-on
que la partie sud de l'Italie est un pays
plus nouveau que la Lombardie, parce
qu'elle est presque continuellement trou-
blée par des tremblemens de terre et des
éruptions volcaniques? D'ailleurs, que nos

volcans et nos tremblemens de terre actuels sont de petits phénomènes auprès
de ces révolutions de la nature que le
géologue doit supposer, avoir eu lieu
aux jours de la dissolution et du refroi-
dissement des masses qui ont formé les
montagnes, quand la terre était encore à
l'état de chaos! Des causes différentes
doivent, dans des climats éloignés, faire
varier les effets de l'énergie de la nature. Dans le Nouveau-Monde, les volcans, au nombre de cinquante-quatre,
ont dû peut-être brûler plus long-temps,
parce que la chaîne des montagnes élevées
où ils sont situés est plus près de la mer,
et parce que ce voisinage et la neige éternelle qui les couvre paraissent modifier
d'une manière encore peu appréciée l'é-
nergie du feu souterrain. Les tremblemens de terre et les éruptions y agissent

périodiquement. Présentement le désordre
physique et la tranquillité politique rè-
gnent dans le nouveau continent, tandis
que, dans l'ancien, les discordes des peuples forcent à chercher du repos au sein de
la nature. Peut-être viendra-t-il un temps
où une partie du monde prendra la place
de l'autre dans ce singulier contraste entre
l'énergie physique et l'énergie morale*. Les
volcans se reposent pendant des siècles,
avant de se rallumer de nouveau. L'opinion suivant laquelle, dans les régions plus
anciennes, il doit régner une certaine paix
dans la nature, n'est fondée que sur un jeu
de notre imagination. Un côté de notre planète ne peut pas être plus vieux ou plus
jeune que l'autre. Les îles produites par
des volcans, telles que les Açores, ou for-

---

* Ecrit dans l'automne de 1805.

mées peu à peu par les mollusques du corail, comme plusieurs îles du grand Océan,
sont, en général, plus récentes que les
masses de granit de la chaîne du centre de
l'Europe. Une contrée peu étendue, comme
la Bohême et plusieurs vallées de la lune,
entourées circulairement par des montagnes, peut rester long-temps couverte
d'eau par suite d'inondations partielles, et
former un lac. Après qu'il se serait entiè-
ment écoulé, on pourrait, par métaphore,
donner le nom de terrain de nouvelle origine à celui-ci où les végétaux s'établiraient
par degrés. Mais une enveloppe aquatique, telle que le géologue se la représente à l'époque de la formation des montagnes secondaires, ne peut, d'après les lois
de l'hydrostatique, se supposer que comme
existant à la fois dans toutes les parties
du monde et dans tous les climats. La mer

ne peut pas séjourner sur les plaines immenses de l'Orénoque et de l'Amazone, sans
ravager en même temps les pays situés
autour de la mer Baltique. L'enchaîne-
ment et l'identité des couches secondaires
près de Caracas, dans la Thuringe et la
basse Égypte, prouvent, comme je le développe dans mon Tableau géologique de
l'Amérique méridionale, que cette grande
opération de la nature s'est faite à la même
époque sur toute la terre. »

[18] Est plus frais et plus humide, p. 22.

Le Chili, Buenos-Ayres, la partie méridionale du Brésil et le Pérou, tiennent,
du peu de l'argeur du continent qui va en
se rétrécissant vers le sud, un climat semblable à celui d'une île, c'est-à-dire des
étés frais, et des hivers doux. Ces avan-

tages de l'hémisphère austral se font sentir jusqu'au 40° parallèle sud ; mais au-delà ce n'est plus qu'un désert inhospitalier. Le détroit de Magellan est situé par les 53° et 54° parallèles ; toutefois dans les mois de décembre et de janvier, où le soleil est dix-huit heures sur l'horizon, le thermomètre ne s'y élève qu'à quatre degrés. Le soleil éclaire tous les jours la plaine, et la plus grande chaleur que M. Churruca y ait observée en décembre 1788, c'est-à-dire en été, n'allait pas au-delà de neuf degrés. Le cap Pilar, dont les rochers escarpés n'ont que 218 toises de haut, et qui forme au sud l'extrémité de la chaîne des Andes, a presque le même degré de latitude que Berlin *.

---

* *Relacion del viage al estrecho de Magellanes*, appendice 1793, p. 76.

¹⁹ D'une seule mer de sable continue, p. 23.

Si l'on peut considérer ces bruyères toujours pressées en groupes, qui se prolon-
gent depuis l'embouchure de l'Escaut jusqu'à l'Elbe, et depuis la pointe de Jutland
jusqu'aux montagnes du Harz, comme
une phalange continue de plantes, on peut
suivre aussi comme une mer ces sables
qui s'étendent à travers l'Afrique et l'Asie,
depuis le cap Blanc jusqu'au-delà de l'Indus, dans une étendue de plus de quatorze
cents lieues. Ainsi qu'un bras de mer desséché, la région sablonneuse d'Hérodote,
appelée par les Arabes désert du Sahara,
traverse l'Afrique entière, entre le 18° et
le 25° parallèle boréal. Sa plus grande largeur du nord au sud est entre Maroc et le
cours moyen du Niger. C'est au contraire

entre Tripoli et Cachena que le désert est
le plus étroit, et qu'il est le plus fréquemment coupé par des cantons riches en
sources. La vallée du Nil est à l'est la limite du désert de Libye.

Au-delà de l'isthme de Suez, au-delà
des rochers de porphyre, de syénite et de
diabase du mont* Sinaï, commence le plateau désert de Nedjed, qui occupe toute la

---

* Les moines de cette montagne montrent encore aujourd'hui aux étrangers les tables de la loi
de Moïse. M. Rosier, qui a fait partie de l'expédition française en Egypte, possède des morceaux
de ces tables, qui sont de syénite abondante en
amphibole. Cette syénite paraît être posée sur ce
qu'on appelle du porphyre amphibolique. Plus
avant dans la plaine, on trouve du schiste argileux
de transition de la grauwacke, et un conglomérat
très ancien dans lequel sont enchassées des masses
de granit et de porphyre. Cette brèche était très es-

partie intérieure de l'Arabie, et qui est borné à l'ouest et au sud par les pays fertiles et plus heureux de l'Hedjaas et de l'Hadramaut, situés le long des côtes. L'Euphrate termine à l'est les déserts d'Arabie et de Syrie. Des sables immenses coupent toute la Perse *, depuis la mer Caspienne jusqu'à celle des Indes, et comprennent aussi les déserts du Kerman, du Seïstan, du Beloutchistan et du Mekran, abondans en sel et en kali. L'Indus sépare le dernier

---

timée par les sculpteurs anciens. Notre digne compatriote Burkhardt a aussi examiné le porphyre trappéen du Sinaï; mais sa description géognostique est confuse et vague.

* La langue persane a divers mots pour distinguer la nature des plaines : *Decht* signifie plaine en général (*llano*), par opposition aux plaines des montagnes; *mergran*, pelouse ; *besabun*, désert, plaine aride et nue.

désert de celui de Moultan , arrosé par
l'Indus. La surface occupée par toutes ces
mers de sable, depuis la côte occidentale
de l'Afrique, jusqu'à Djesselmir et Djôd-
pour, dans l'Inde, me paraît être de plus de
112,000 lieues carrées, en faisant abstraction des cantons fertiles ou oasis.

20 La partie occidentale de l'Atlas, p. 23.

La question relative à la position de
l'Atlas des anciens, a souvent été agitée
de nos jours. En faisant cette recherche ,
on confond les anciennes traditions phé-
niciennes, avec ce que les Grecs et les
Romains ont débité sur l'Atlas à une époque
moins reculée. M. Ideler, qui réunit la
connaissance approfondie des langues à
celle de l'astronomie et des mathémati-
ques, a le premier débrouillé ces notions

confuses. J'espère qu'on me permettra d'insérer ici ce qu'un savant aussi éclairé m'a communiqué sur ce sujet important.

« Dès le premier âge du monde, les Phéniciens se hasardèrent à passer le détroit de Gibraltar. Ils fondèrent, sur les côtes de l'Océan Atlantique, en Espagne, Gades et Tartessus ; en Mauritanie Lixus et plusieurs autres villes. De ces établissemens ils naviguaient au nord jusqu'aux îles Cassitérides, d'où ils tiraient de l'étain, et jusqu'aux côtes de Prusse où ils trouvaient de l'ambre. Dans le sud ils s'avançaient au-delà de Madère jusqu'aux îles du Cap-Verd. Ils fréquentaient surtout l'Archipel des Canaries. Là, ils furent surpris à la vue du pic de Ténériffe, dont la hauteur déja très considérable paraît encore plus grande, parce qu'il s'élance immédiate-

I.   10

ment de la surface de la mer. Les colonies qu'ils envoyèrent en Grèce, et surtout celle qui, conduite par Cadmus, aborda en Béotie, portèrent dans ces contrées la connaissance de cette montagne élevée au-dessus de la région des nuages. Elles y firent connaître les îles fortunées que ce pic domine, et qu'embellissent des fruits de toutes sortes, entr'autres des pommes d'or (oranges). Cette tradition se propagea en Grèce par les chants des poètes, et arriva jusqu'au temps d'Homère. Son Atlas connaît les profondeurs de la mer ; il porte les grandes colonnes qui séparent la terre du ciel *. Les Champs-Elysées ** sont dépeints comme une terre

---

* *Odyssée*, l. I, v. 52.

** *Iliade*, l. IV, v. 561. Le mot est d'origine phénicienne, et signifie *séjour de joie.*

enchanteresse située dans l'ouest. Hésiode
parle de l'Atlas à peu près de la même manière, et dit qu'il est voisin des nymphes
Hespérides *. Il nomme île des bienheureux les Champs-Elysées, qu'il place aux
extrémités de la terre, à l'occident **. Des
poètes moins anciens ont embelli et orné
les fables d'Atlas, des Hespérides, de leurs
pommes d'or, et des îles des bienheureux
qui sont le séjour des hommes justes après
leur mort. Ils ont aussi réuni les expéditions de Mélicertes, dieu du commerce
chez les Tyriens, et celles de l'Hercule
grec. Ce ne fut que très tard que les Grecs
commencèrent à rivaliser dans la navigation avec les Carthaginois et les Phé-

---

* *Théogonie*, l. V, v. 517.

** *Opera et Dies*, v. 167.

niciens. Ils visitèrent à la vérité les côtes de la mer atlantique, mais il ne paraît pas qu'ils s'y soient avancés bien loin. Il est douteux qu'ils aient vu le pic de Ténériffe et les îles Canaries; car ils pensaient qu'il fallait chercher, sur la côte occidentale de l'Afrique, l'Atlas que leurs poètes et leurs traditions leur avoient représenté comme une montagne très élevée, et située à l'extrémité occidentale de la terre. C'est aussi là que le transposèrent Strabon, Ptolémée et les autres géographes. Mais, comme on ne trouve dans le nord-ouest de l'Afrique aucune montagne d'une hauteur remarquable, on fut très embarrassé pour connaître la véritable position de l'Atlas. On le chercha tantôt sur la côte, tantôt dans l'intérieur du pays, tantôt dans le voisinage de la mer Méditerranée, tantôt plus au sud. Au premier siècle de notre

ère, époque à laquelle les Romains portèrent leurs armes dans l'intérieur de la
Mauritanie et de la Numidie, on prit l'habitude de donner le nom d'Atlas à la chaîne
de montagnes qui, au nord de l'Afrique,
s'étend de l'est à l'ouest dans une direction
à peu près parallèle à celle des côtes de la
Méditerranée. Cependant, Pline et Solin
sentaient bien que les descriptions de l'Atlas, faites par les poètes grecs et romains,
ne convenaient pas à cette chaîne de montagnes. Ils pensèrent donc qu'il fallait placer dans la terre inconnue du milieu de
l'Afrique ce pic dont ils faisaient un tableau si agréable d'après les traditions
poétiques. Mais l'Atlas d'Homère et d'Hésiode ne peut être que le pic de Ténériffe;
tandis que c'est dans le nord de l'Afrique
qu'il faut chercher l'Atlas des géographes
grecs ou romains. »

J'ose ajouter quelques remarques à ces éclaircissemens instructifs de M. Ideler. Suivant Pline et Solin, l'Atlas s'élève du milieu d'une plaine de sable (*e medio arenarum*). Des éléphans, que certainement on n'a jamais connus à Ténériffe, paissent sur ses flancs. Ce qu'aujourd'hui on désigne par le nom d'Atlas est une longue chaîne de montagnes. Comment se fit-il que les Romains crurent reconnaître dans cette chaîne le pic isolé dont Hérodote avait parlé? La cause n'en serait-elle pas dans cette illusion d'optique d'après laquelle une chaîne de montagnes, vue de profil dans le sens de sa longueur, paraît un pic rétréci? Étant en mer, j'ai souvent pris des chaînes prolongées pour des montagnes isolées. Selon Hoest, l'Atlas, près de Maroc, est toujours couvert de neiges. Par conséquent, sa hauteur, en cet endroit, doit être de plus de 1,800 toises. Une chose qui me semble également remarquable, c'est que, suivant Pline, les Barbares ou les anciens Mauritaniens appelaient l'Atlas, *Dyris*. Aujourd'hui encore, la chaîne de l'Atlas porte, chez les Arabes, le nom de *Daran*, mot qui a les mêmes consonnes que Dyris. Hornius * croit, au contraire, reconnaître le mot Dyris dans Aya-Dyrma, nom guanche du pic de Ténériffe.

21 Les Monts de la Lune, Al-komri, p. 24.

Les montagnes de la Lune, de Ptolémée, ou l'Al-komri d'Aboulfèda, sont représentées sur les cartes de Rennel et d'Arrowsmith comme une chaîne énorme,

---

* Hornius, *De Originibus Americanorum*, p. 185.

non interrompue et parallèle à l'équateur.
Leur existence est certaine, mais leur
étendue et leur direction sont encore trop
problématiques pour les tracer d'une manière aussi positive qu'ont hasardé de le
faire les deux géographes anglais. L'Abys-
synie est un plateau très élevé comme la
province de Quito ; et, s'il faut s'en rap-
porter aux mesures que Bruce dit avoir
prises avec le baromètre, les sources du
Nil bleu (vert) sont élevées de 1,654 toises au-dessus du niveau de la mer. Un
fait digne d'attention, c'est que Meroe,
cet état où les hommes furent civilisés à une époque si reculée, n'était pas
éloigné de ces pays montueux. Ainsi, en
Afrique comme dans le nouveau continent, c'est sur les montagnes ou dans leurs
environs qu'habitèrent les premiers peuples civilisés.

²² Un effet de ce remous, p. 26.

Dans la partie septentrionale de l'Océan Atlantique, entre l'Europe, l'Afrique du nord et le continent du Nouveau-Monde, les eaux sont poussées par un courant qui, revenant sur lui-même, forme un véritable remous. Entre les tropiques, le courant général, qu'on pourrait appeler le courant de rotation, suit, comme le vent alisé, la direction d'orient en occident. Il accélère la marche des navires qui voguent des Canaries à l'Amérique méridionale. Il rend presque impossible la traversée en ligne directe de Carthagèna de Indias à Cumana, traversée dans laquelle il faut vaincre le courant. Le nouveau continent ; à partir de l'isthme de Panama jusqu'à la partie septentrionale du Mexi-

que, forme une digue qui arrête le mouvement de la mer vers l'occident. Depuis
Veragua, le courant est donc forcé de
changer sa direction pour suivre celle du
nord, et de se plier à toutes les sinuosités
des côtes de Costa-rica, de Mosquitos, de
Campêche et de Tabasco. Les eaux qui
entrent dans le golfe du Mexique par l'ouverture qui se trouve entre le cap Catoche
et l'île de Cuba, après avoir éprouvé un
grand remous partiel entre la Vera-Cruz,
Tamiagua, l'embouchure du Rio Bravo
del norte et la Louisiane, retournent dans
l'Océan par le canal de Bahama. Elles y
forment ce que les marins appellent le
courant du golfe, qui est comme un torrent d'eaux chaudes qui courent avec une
grande vitesse et qui s'éloignent insensiblement de la côte de l'Amérique septentrionale en suivant une direction diagonale.

Lorsque les navires qui viennent d'Europe et sont destinés pour cette côte, ne sont pas sûrs de la longitude où ils se trouvent; ils peuvent s'orienter dès qu'ils ont atteint le courant du golfe, dont la position a été exactement déterminée par Franklin, Williams et Pownall. Depuis le 41° parallèle, ce long courant d'eaux chaudes se dirige vers l'est en diminuant peu à peu de vitesse et en augmentant de largeur. Avant d'arriver aux plus occidentales des Açores, il se partage en deux bras, dont; au moins à certaines époques de l'année, l'un se porte sur l'Islande et la Norvège, et l'autre sur les îles Canaries et les côtes occidentales de l'Afrique. Ce remous de l'Océan atlantique, dont je traite amplement dans le premier volume de mon voyage aux régions équinoxiales, explique clairement pourquoi, malgré les vents

alisés, des troncs de cedrela odorata sont
poussés des côtes de l'Amérique méridionale et des Antilles sur celles de Ténériffe.
Dans le voisinage du banc de Terre-
Neuve, j'ai fait plusieurs expériences sur
la température du courant du golfe. Il
charrie avec une grande rapidité les eaux
chaudes des parallèles moins élevés, dans
des latitudes plus septentrionales. Aussi
la température du courant est-elle de deux
à trois degrés R. plus élevée que celle des
eaux voisines qui en forment les rives et
dont le mouvement est nul. Ces phénomènes sont analogues à ceux que nous avons
observés sur la côte du Pérou, et dont il
est fait mention dans la note seizième.

25 Ni les lécidées ni aucun autre lichen, p. 26.

Voici les lichens dont la terre, dénuée de

végétaux commence à se couvrir dans les pays du nord : *Bacomices roseus, cenomyce rangiferinus, Lecidea muscorum,* L. *icmadophila ;* quelques autres cryptogames s'y joignent pour préparer la végétation des herbes et des plantes. Entre les tropiques, où les mousses et les lichens ne croissent abondamment que dans les endroits ombragés, quelques plantes grasses, telles que le sesuvium ou le portulacca, suppléent aux lichens terrestres.

²⁴ L'éducation des animaux qui donnent du lait, p. 28.

Deux animaux de l'espèce du bœuf, c'est-à-dire le bizon et le bœuf musqué, dont nous avons déja parlé, sont indigènes du nord de l'Amérique ; mais les naturels,

Queis neque mos, neque cultus erat ; nec jungere tauros
. . . . norant,
Virg. Æn. VIII, 316.

buvaient le sang fumant et non le lait de
ces animaux. M. Barton a émis une opinion assez probable * ; c'est que quelques
tribus du Canada occidental élevoient le
bizon à cause de sa chair et de sa peau.
Il est assez singulier que l'usage du lait de
vache, de brebis ou de jument, soit presque inconnnu aux Chinois entourés, au
nord et à l'ouest, de peuples pasteurs. On
sait qu'au Pérou le llama est un animal
domestique : on ne le rencontre nulle part
dans son état sauvage primitif; ceux qu'on
trouve sur la pente occidentale du Chimborazo sont devenus sauvages lorsque *Li-
can*, l'ancienne résidence des dominateurs de Quito, fut détruite et réduite en
cendres.

---

* *Fragments*, T. I, p. 4.

Au sud du Gyla, qui se jette avec le
Rio Colorado, dans le golfe de Californie
(mar de Cortez), on trouve, dans une
steppe solitaire, les ruines du palais des
Aztèques, que les Espagnols appellent las
casas grandes. Lorsque vers l'an 1160, les
Aztèques, sortant du pays inconnu d'Azt-
lan, parurent dans l'Anahuak *, ils se
fixèrent pendant quelque temps sur les
rives du Gyla. Garcès et Font, deux moines franciscains, sont les derniers qui, en
1773, aient visité les casas grandes. Ils

---

* Un fait digne d'attention, suivant la remarque
du célèbre historien Jean de Müller, c'est que précisément à la même époque, de grandes émigra-
grations eurent lieu dans le nord de l'Asie. L'irruption des Tartares Niüché força les empereurs
chinois de la dynastie de Süm à transporter leur
résidence à Linegan, plus au sud. De Guignes, *Introduction à l'Histoire des Huns*, p. 83.

racontent que ces ruines occupent une étendue de plus d'une lieue carrée. Toute la plaine est en outre couverte de têts de vases de terre peints avec art. Le palais principal, si une maison bâtie en briques non cuites peut mériter ce nom, a quatre cent vingt pieds de long et deux cent soixante de large *.

Le tayé de la Californie, dont le père Venegas donne la description, paraît différer peu du moufflon ** de l'ancien continent. On a aussi vu cet animal dans les Stony-mountains, aux sources de l'Ound-jiga ou rivière de la Paix. Le petit rumi-

---

* Voyez l'ouvrage rare imprimé à Mèxico, intitulé : *Cronica serafica del Collegio de Propaganda fede de Queretaro por Fray Domingo Arricivita*.

** *Capra Ammon.*

nant du genre de la chèvre ou de l'antilope,
qui est tacheté de noir et blanc, et qui se
trouve sur les bords du Missouri et de la
rivière des Arkansâs, paraît être un animal entièrement différent du précédent; il
est à souhaiter qu'on en fasse une description exacte.

²⁵ Des plantes céréales, p. 29.

C'est certainement un phénomène surprenant que, sur un des côtés de notre
planète, il existe des peuples à qui le lait
et la farine tirée des graines des graminées
(à épis étroits) sont entièrement incon-
nus, tandis que l'autre hémisphère offre
presque partout des nations qui cultivent
les céréales et élèvent des animaux qui
leur donnent du lait. Ainsi la culture de
graminées différentes caractérise les deux

I. 11

parties du monde. Dans le nouveau continent, nous voyons que, depuis le 45ᵉ
parallèle nord jusqu'au 42° parallèle sud,
on ne cultive qu'une espèce de graminée,
le maïs. Dans l'ancien continent, au contraire *, nous trouvons partout, et dans
les temps les plus reculés dont l'histoire
fasse mention, la culture du froment,
de l'orge, de l'épeautre et de l'avoine, en
un mot de toutes les plantes céréales.

---

* Ceux qui dans la tradition de l'Atlantide croient
reconnaître des relations obscures d'un grand pays
situé à l'Ouest, ou de l'Amérique, verront avec
plaisir un passage tiré du troisième livre de *Diodore de Sicile*, p. 130, édition de Wesseling. Le
géographe y dit expressément : «Les Atlantes n'ont
pas connu les fruits de Cérès, parce qu'ils se sont
separés des autres hommes avant que ces fruits
eussent été montrés aux mortels.» Les Guanches
des îles Canaries cultivaient l'orge dont ils prépa-
raient le gofio.

Diodore de Sicile* fait mention du froment sauvage qui croît dans les campagnes de Leontium , ainsi qu'en plusieurs autres lieux de la Sicile ; Cérès fut
trouvée dans les hautes prairies d'Enna,
si abondantes en violettes. M. Sprengel
a recueilli plusieurs passages intéressans
qui rendent assez vraisemblable l'opinion
suivant laquelle la plupart des espèces de
blé d'Europe sont originaires du nord de
la Perse et de l'Inde, où elles croissent
spontanément ; le froment d'été vient
naturellement dans le pays des Musi-
cans , province du nord de l'Inde ** ;
l'orge, appelé par Pline *antiquissimum fru-
mentum*, se trouve , suivant Moïse de
Chorène***, sur les bords de l'Araxe ou du

---

* Diod. de Sicile, l. V, p. 199 et 222, ed. Wessel.
** Strabon, l. XV, p. 1017.
*** Geogr. Armen, p. 36o.

Kour en Géorgie, et suivant Marco Polo, dans le Balacham, contrée de l'Inde septentrionale *; l'épeautre près d'Hamadan. Mais M. Link a montré dans un mémoire rempli de saine critique **, que les passages des Anciens laissent encore beaucoup de doutes. J'ai autrefois douté de l'existence du blé sauvage en Asie ***, et j'ai cru qu'il n'y était devenu tel qu'après y avoir été cultivé.

Un esclave nègre de Fernand Cortez fut le premier qui cultiva le froment dans la Nouvelle-Espagne. Il en trouva trois grains parmi du riz qu'on avait apporté d'Espa-

---

* Ramusio, T. II, p. 10.

** *Abhandungen der Berlinischen Akademie* (1816), p. 123.

*** *Essai sur la Géographie des Plantes* (1807), p. 23.

gne pour l'approvisionnement de l'armée.
Dans le couvent des Franciscains de Quito,
on conserve précieusement, comme une
relique, le vase de terre qui renfermait le
premier froment dont Fray Jodoco Rixi de
Gante, moine franciscain, natif de Gand,
fit des semis dans la ville. On le cultiva
d'abord devant le couvent, sur la place
appelée plazuella de San-Francisco, après
qu'on eût abattu la forêt qui s'étendait de
là jusqu'au pied du volcan du Pichincha.
Les moines que je visitais souvent durant
mon séjour à Quito, me prièrent de leur
expliquer l'inscription tracée sur ce vase
de terre, et dont ils supposaient que le
sens avait quelque rapport caché avec le
froment. Mais je n'y trouvai que cette sen-
tence écrite en vieux dialecte allemand :
*Que celui qui me vide en buvant n'oublie pas
le seigneur!* Cet antique vase allemand

avait pour moi quelque chose de respectable. Que n'a-t-on conservé partout dans
le nouveau continent le nom de ceux qui,
au lieu de le ravager, l'ont enrichi les premiers des présens de Cérès !

²⁶ Craignant une température moins froide, p. 29.

Au Mexique et au Pérou, on trouve
partout, dans les hautes plaines des montagnes, des traces d'une grande civilisation. Nous avons vu, à une hauteur de
1,600 à 1,800 toises, des ruines de palais et de bains. Des colons du nord pouvaient seuls se plaire dans un pareil
climat.

²⁷ Hypothèse peu favorisée par la comparaison des langues , p. 30.

Dans mon ouvrage sur les monumens

des peuples primitifs de l'Amérique (*Vues*
des Cordillères et monumens des peuples
indigènes de l'Amérique), je crois avoir
démontré, par la comparaison du calan-
drier Mexicain à ceux des Tibetaihs et
des Japonais, des pyramides orientées
avec exactitude et des anciens mythes
des quatre âges, ou des révolutions du
monde avant la dispersion du genre humain, après une grande inondation, que
les peuples du nouveau continent ont eu,
long-temps avant l'arrivée des Espagnols,
des relations avec l'Asie orientale. Ce qui,
depuis l'impression de mon livre, a été
publié en Angleterre sur les sculptures
surprenantes de Guatèmala *, qui sont en

---

* Dr Antonio del Rio. *Description of the ruins
discovered near Palenque.* (London, 1812), p. 9,
pl. 12 et 13.

tièrement dans le style des Hindous, donne
un nouveau prix à ces analogies. Je regarde comme certaine, une communication entre les Américains de l'ouest et les
Asiatiques de l'est ; mais on ne peut encore
dire par quelle route ni par quelles familles de peuples elle a eu lieu. Un petit
nombre de personnes de la classe instruite
ou des prêtres, pouvait être suffisant pour
produire de grands changemens dans l'A-
mérique occidentale. Ce que l'on s'est jadis
imaginé, qu'une expédition partie de la
Chine était allée au nouveau continent,
se rapporte à une navigation à Fou Sang
ou au Japon. Mais des Japonais et des
Sian-pi de Corée peuvent avoir été jetés
par la tempête sur les côtes d'Amérique.
Des bonzes et d'autres aventuriers naviguaient sur la mer à l'est de la Chine, pour
trouver un préservatif contre la mort.

Ce fut ainsi que sous Thsin chi hoang ti,
trois cents couples de jeunes gens des deux
sexes furent envoyés au Japon, 209 ans
avant notre ère *; ils s'établirent dans ces
îles, au lieu de retourner en Chine. Le hasard. ne peut-il avoir conduit aux îles
Aléoutiennes, à Alachka, ou à la Nouvelle-
Californie, des expéditions semblables ?
Les côtes du continent Américain étant dirigées du nord-ouest au sud-est, l'éloignement paraît trop grand pour que les étrangers aient pu aborder dans la Zone tempérée, vers le 45e degré, la plus favorable au développement des facultés intel-
lectuelles. Il faut donc supposer que le
premier débarquement s'effectua, sous le
climat inhospitalier de 52 à 55 degrés de

---

* Klaproth. *Tableaux historiques de l'Asie*
(1824), p. 79.

latitude nord, et que la civilisation se propagea promptement et graduellement ;
avec la marche générale des peuples vers
le sud *. On a même prétendu au commencement du XVIᵉ siècle que l'on avait
trouvé, sur les côtes de Quivira et de Ci-
bora, l'Eldorado du nord, des débris de
navires du Catay, c'est-à-dire du Japon et
de la Chine **.

Nous avons encore une connaissance
trop imparfaite des dialectes américains
pour pouvoir abandonner l'espérance de
reconnaître, dans leur multitude prodigieuse, un langage qui se parle également
sur les bords de l'Amazone et dans le centre de l'Asie. Une pareille découverte se-

---

* J'ai examiné en détail ce problème important
dans ma *Relation historique,* T. III, p. 155 à 160.
** Gomara. *Historia general de Indias,* p. 117.

rait une des plus brillantes que l'on pût
faire pour jeter quelque jour sur l'histoire
de l'espèce humaine.

²⁸ Une multitude d'autres animaux, p. 32.

Les steppes de Caracas sont remplies de
troupeaux de cerfs appelés par Linné *cer-
vus mexicanus*, qui, étant jeunes, sont
mouchetés et ressemblent aux chevreuils.
Mais, ce qui est très surprenant sous une
zone si chaude, nous en avons trouvé
des variétés entièrement blanches. Cet
animal , sous l'équateur , ne s'élève
guère sur les Andes qu'à 700 ou 800
toises de hauteur ; mais on trouve jusqu'à
2,000 toises un cerf plus grand , qui souvent est blanc , et que je ne puis guère
distinguer de notre cerf d'Europe par
un caractère spécifique. Le cabiai *(cavia*

capybara) est appelé *chiguirè* dans la province de Caracas. Cet animal a une existence très malheureuse ; car , dans l'eau , il est poursuivi par le crocodile , et sur terre par le jaguar. Il court si mal , que souvent nous le prenions avec la main. On fume ses extrémités comme des jambons , mais c'est un mets peu agréable à cause de sa forte odeur de musc. Les animaux puants , si joliment rayés par bandes , sont le chinche, le zorille et le conepate *(viverra mapurito, zorilla et vittata)*.

²9 Cet arbre de vie , p. 33.

Linné n'a décrit qu'imparfaitement ce beau palmier, *mauritia flexuosa*, puisqu'il dit à tort qu'il n'a pas de feuilles. Son tronc à vingt-cinq pieds de haut, mais il n'atteint probablement cette taille que lorsqu'il est âgé de cent vingt à cent cinquante ans. Le *mauritia* forme, dans les lieux humides, des groupes magnifiques d'un vert frais et brillant à peu près comme nos aulnes. Son ombre conserve aux autres arbres un sol humide, ce qui fait dire aux Indiens que le *mauritia*, par une attraction mystérieuse, réunit l'eau autour de ses racines. Une théorie semblable leur fait penser qu'il ne faut pas tuer les serpens, parce que, si on détruisait ces reptiles, les flaques d'eau (lagunas) se dessécheraient : c'est ainsi que l'homme grossier de la nature confond la cause et l'effet. Sur le rives du Rio Atabapo, dans l'intérieur de la Guyane, nous avons trouvé une nouvelle espèce de *mauritia* à tige garnie de piquans; c'est notre *mauritia aculeata**.

---

* Humboldt, Bonpland et Kunth. *Nova genera et species.* T. I, p. 310.

⁵⁰ Un stylite américain, p. 34.

Siméon le Sisanite, syrien et fondateur
de la secte des Stylites, passa trente-sept
ans en contemplation religieuse sur cinq
colonnes successivement. La dernière qu'il
habita avait trente-six coudées de haut.
Pendant sept cents ans, des hommes imi-
tèrent ce genre de vie : on les appelait
sancti columnares. En Allemagne, dans le
pays de Trèves, on essaya d'établir de pareils cloîtres aériens; mais les évêques
s'opposèrent à ces entreprises périlleuses.
(Mosheim. *Institut. Hist. Eccles.*, p. 192.)

⁵¹ Quelques villes sur le bord des rivières de la steppe. p. 35

Des familles qui vivent de l'éducation
des bestiaux et non de l'agriculture, se

sont réunies dans de petites villes, au milieu des steppes. Dans les parties civilisées
de l'Europe, ces villes passeraient à peine
pour des villages. Telles sont Calabozo,
situé, d'après mes observations astronomiques, par 8° 56′ 14″ de latitude boréale,
et 4 heures 40′ 20″ de longitude occidentale. — Villa del Pao, lat. 8° 38′ 1″, long.
4 h. 27′ 47″. — San Sebastian et d'autres.

52 Comme une nuée en forme d'entonnoir, p. 37.

En Europe, dans les chemins qui se
croisent, nous voyons quelque chose qui
approche du phénomène singulier de ces
trombes de sable. Mais elles sont particulièrement observées dans le désert sablonneux du Pérou, entre Coquimbo-et
Amotapè. Un pareil nuage de poussière
peut devenir fatal au voyageur assez

imprudent pour ne pas l'éviter. Ce qui est digne de remarque, c'est que ces courans d'air partiels et qui se heurtent, ne se font sentir que lorsque l'atmosphère est entièrement calme. Par conséquent, l'océan aérien est semblable à la mer, où des filets de courans qui entraînent l'eau en clapotant ne sont sensibles que par un calme plat.

55 Augmente la chaleur étouffante de l'air, p. 3⁻.

J'ai observé à la métairie de Guadalupe, située dans les llanos d'Apuré, que le thermomètre s'élevait de 27 à 29° R. aussitôt que le vent chaud du désert commençait à souffler. Au milieu du nuage de poussière, la température était, pendant quelques minutes, à 35°. Le sable sec, dans le village de San Fernando de Apuré, avait 42° de chaleur.

³⁴ L'image décevante d'une surface ondulée, p. 38.

C'est le phénomène si connu du *mirage,* nommé en sanscrit *soif de la Gazelle* *. Tous les objets paraissent suspendus en l'air, et sont réfléchis ensuite dans la couche inférieure de l'air. Le désert ressemble à un lac immense, dont la surface est agitée par les vagues. Durant l'expédition des Français en Égypte, cette illusion d'optique a souvent jeté le désespoir dans l'ame du soldat altéré. On observe ce phénomène dans toutes les parties du monde. Les anciens connaissaient aussi le singu-

---

* Voy. ma *Relation historique,* T. I, p. 296-625; T. II, p. 164-185.

I.   12

lier effet de la réfraction du rayon de lumière dans le désert de Libye. Je vois que Diodore de Sicile * a fait mention de ces fantômes surprenans , ou d'une *fata morgana* , en Afrique , et qu'il y a joint des explications encore plus extraordinaires sur la compression des parties de l'air.

[35] Le Melocactus , p. 39.

Le *cactus melocactus* a souvent dix pouces de diamètre et quatorze côtes. Il y a encore plusieurs nouvelles espèces de cactus non décrites qui se rapprochent beaucoup de celle-ci et de celle que Linné a appelée *nobilis* dans son *Mantissa ;*

---

* L. III, p. 219 , ed. Wessel·—p. 184, ed. Rhod

mais il parle de toutes d'une manière bien
imparfaite.

34 Soudain la scène change dans le désert, p. 40.

J'ai essayé de peindre le commencement du temps pluvieux et les symptômes
qui l'annoncent. La couleur bleu foncé du
ciel entre les tropiques est l'effet d'une
parfaite dissolution des vapeurs. Le cya-
nomètre indique un bleu plus pâle aussitôt
que les vapeurs commencent à se préci-
piter : la tache noire de la *croix du sud*
devient d'autant moins visible que la
transparence de l'atmosphère diminue.
L'éclat brillant des *nubecula major* et *mi-*
nor disparaît aussi. Les étoiles fixes, dont
la lumière était tranquille comme celle
des planètes, deviennent scintillantes au

zénith*. Tous ces phénomènes résultent de l'augmentation des vapeurs qui sont suspendues dans l'atmosphère.

[37] La glaise humide s'élève lentement en forme de mottes, p. 42.

L'extrême sécheresse produit, dans les animaux et dans les plantes, les mêmes phénomènes que l'absence de la chaleur. Pendant la sécheresse, plusieurs plantes de la zone torride se dépouillent de leurs feuilles : les crocodiles et d'autres amphibies se cachent dans la glaise. Ils y restent morts en apparence, de même que dans le nord de l'Afrique, où le froid les engourdit pendant l'hiver.

* Voyez l'explication que M. Arago a donnée de la scintillation dans ma *Relation historique*, T. II, p. 623.

38 Une vaste mer intérieure, p. 43.

Ces inondations n'ont nulle part autant
d'étendue que dans les bassins formés par
l'Apurè, l'Arachuna Pajara, l'Aranca et
le Cabuliarè. De grandes embarcations
traversent le pays et vont à dix à douze
lieues dans l'intérieur des steppes.

39 Jusqu'aux plaines de l'Antisana, p. 44.

La vaste plaine qui entoure le volcan
d'Antisana est à 2,700 toises de hauteur
au-dessus du niveau de la mer. La pression
de l'air y est si faible, que les bœufs sauvages, quand on les poursuit avec des
chiens, perdent le sang par les nazeaux
et par la bouche.

⁴⁰ Béra et Rastro, p. 45.

J'ai décrit en détail cette pêche des gymnotes dans mes *Observations de zoologie et d'anatomie comparée*. T. I, p. 83, et dans ma *Relation historique*, T. II, p. 173-191. L'expérience faite à Paris, sans chaîne, sur un gymnote vivant, nous a parfaitement réussi à M. Gay-Lussac et à moi. La décharge électrique dépend entièrement de la volonté de l'animal. Nous ne vîmes pas de jets de lumière.

⁴¹ Développé par le contact des parties humides et hétérogènes, p. 48.

Dans tous les corps organiques, des substances hétérogènes sont en contact entre elles. Dans tous, les solides et les liquides sont unis. Ainsi, partout où il y a corps organisé et vie, il y a probablement tension électrique ou jeu de la pile de Volta.

⁴² Osyris et Typhon , p. 49.

Voyez l'excellent ouvrage de Zoega (p. 575.) *sur les obélisques* au sujet de la lutte de ces deux races d'hommes, c'est-à-dire des pasteurs arabes de la basse Égypte et des Éthiopiens civilisés et agriculteurs, du prince Baby ou Typhon au teint blond, fondateur de Peluse, et du Bacchus nègre ou Osyris

⁴³ Où s'arrête la demi-civilisation européenne, p. 50

Dans la capitainerie générale de Caracas, la civilisation introduite par les Européens ne s'étend pas au-delà de la région étroite entre les montagnes et la mer. Dans le Mexique, la Nouvelle-Grenade, et Quito, elle a au contraire pénétré dans

l'intérieur du pays et jusque sur les Cordillères. Dans cette région élevée, on
a trouvé, dès le quinzième siècle, une
civilisation ancienne. Partout où les Espagnols ont découvert cette civilisation,
ils l'ont suivie, et se sont établis, soit près
de la mer, soit à un grand éloignement
de ses bords, souvent à mille ou quinze
cents toises d'élévation.

⁴⁴ Des masses immenses de granit couleur de plomb, p. 44.

Dans l'Orénoque, et surtout aux cataractes de Maypurès et d'Aturès, mais
point dans le Rio-Negro, les blocs de granit et même des fragmens de quartz blanc,
dès qu'ils sont touchés par les eaux de ce
fleuve, se revêtent d'une enveloppe d'un
gris noirâtre, qui ne pénètre pas d'un
dixième de ligne dans l'intérieur de la

pierre. On croit voir du basalte ou des
fossiles colorés par le graphite. Cette enveloppe paraît contenir du carbone. Je
dis qu'elle paraît, car on n'a pas encore
examiné assez attentivement ce phénomène. M. Rosier a découvert quelque
chose de pareil sur les rochers de syénite
du Nil, entre Syene et Phile. Dans l'Orénoque, lorsque ces pierres noirâtres sont
humides, elles répandent des vapeurs
pernicieuses : on regarde leur voisinage
comme une cause de fièvres *.

45 Les hurlemens sourds du singe barbu qui annoncent la
pluie, p. 51.

Quelque temps avant que la pluie commence, on entend le cri mélancolique de

---

* *Relation historique*, T. II, p. 299-304.

plusieurs singes, tels que le coaïta (*simia béelzebub*) et l'alouate (*simia seniculus*). On croit entendre au loin le fracas de la tempête. On ne peut rendre raison de l'intensité du bruit produit par d'aussi petits animaux, qu'en se rappelant qu'un seul arbre sert quelquefois de demeure à une troupe de soixante ou de quatre-vingts singes. Consultez mon Mémoire anatomique, dans mon *Recueil d'observations de zoologie*, pour ce qui concerne le larynx et l'os hyoïde de ces animaux. Pl. IV, n°. 9.

46 Souvent couvert d'oiseaux, p. 51.

Les crocodiles sont tellement immobiles, que j'ai vu des flamands ou phénicoptères se reposer tranquillement sur leur tête. Le reste du corps était couvert d'oiseaux comme un tronc d'arbre.

47 Dans son gosier dilaté, p. 52,

L'humeur visqueuse dont le boa entoure sa victime, accélère la putréfaction. Cette humeur amollit la partie musculaire, et la réduit pour ainsi dire à l'état de gélatine; de sorte que le serpent fait entrer peu a peu le corps d'un animal dans son gosier dilaté. C'est ce qui a fait donner à ce serpent, par les Créoles, le nom de *tragavenado*, ou avaleur de cerfs. Ils racontent qu'on a trouvé, dans la gueule des serpens, des ramures de cerf qu'ils n'avaient pu avaler. J'ai vu le boa nager dans l'Orénoque. Il tient la tête hors de l'eau comme un chien. Sa peau est agréablement mouchetée. Il parvient jusqu'à quarante-cinq pieds de long. Je pense que le boa de l'Amérique méridionale est différent du *boa constrictor*

des Indes-Orientales. *Voyez* ce que raconte Diodore sur le *boa d'Ethiopie* *.

[48] Se nourrissent de gomme et de terre, p. 52.

C'est sur les côtes de Cumana, de Nue-
va-Barcelona et de Caracas, visitées par les
moines franciscains de la Guyane, à leur
retour des missions, qu'est répandue la tradition que des peuples habitant les bords de
l'Orénoque mangent de la terre. Le 6 juin
1800 , lorsqu'en revenant du Rio-Negro
nous descendions l'Orénoque, sur lequel
nous sommes restés trente-six jours, nous
avons passé une journée dans une maison
habitée par les Ottomaques qui mangent
de la terre. Le village appelé la Concep-
cion di Uruana , est appuyé d'une manière

---

* L, III, p. 204, ed. de Wesseling.

très pittoresque sur le penchant d'un rocher de granit. Je déterminai sa latitude
à 7° 8′ 3″ nord, et sa longitude à 4° 38′ 38″
à l'ouest de Paris. La terre que les Ottomaques mangent est une glaise grasse et
onctueuse, une véritable argile de potier,
d'une teinte jaune-grisâtre, colorée par un
peu d'oxide de fer. Ils la choisissent avec
beaucoup de soin, et la recueillent dans
des bancs particuliers sur les rives de l'O-
rénoque et du Mèta. Ils distinguent au
goût une espèce de terre d'une autre, car
toutes les espèces de glaise n'ont pas le
même agrément pour leur palais. Ils pé-
trissent cette terre en boulettes, de quatre
à six pouces de diamètre, et la font cuire
à un petit feu, jusqu'à ce que la surface
antérieure devienne rougeâtre. Lorsque
l'on veut manger cette boulette, on l'hu-
mecte de nouveau. Ces Ottomaques sont,

pour la plupart, des hommes très farou-
ches, et qui ont la culture en aversion.
Les nations de l'Orénoque les moins rapprochées de ce canton, disent en proverbe
lorsqu'elles veulent parler de quelque
chose de très sale : « C'est si dégoûtant
qu'un Ottomaque le mangerait. » Tant
que les eaux de l'Orénoque et du Mèta
sont basses, l'Ottomaque se nourrit de
poissons et de tortues. Lorsque les poissons
paraissent à la surface de l'eau, il les tue
à coups de flèches, avec une adresse que
nous avons souvent admirée. Dès que les
fleuves éprouvent leur débordement périodique, la pêche cesse, car il est alors
aussi difficile de pêcher dans les rivières
devenues plus profondes, que dans la
pleine mer. Pendant cette inondation, qui
dure deux ou trois mois, les Ottomaques
avalent des quantités prodigieuses de terre.

Nous en avons trouvé dans leurs huttes de grandes provisions entassées en pyramides. Chaque individu consomme journellement les trois quarts ou les quatre cinquièmes d'une livre de terre; c'est ce que nous a rapporté Fray Ramon Bueno, moine très intelligent, natif de Madrid, et qui a vécu douze ans parmi ces Indiens. Les Ottomaques disent eux-mêmes que, dans la saison des pluies, cette terre est leur principal aliment. D'ailleurs ils mangent de petits poissons, des lézards, ou de la racine de fougère, lorsqu'ils peuvent s'en procurer. Ils sont si friands de cette glaise, qu'ils en mangent tous les jours un peu après le repas pour se régaler, dans la saison même de la sécheresse, et lorsqu'ils ont du poisson en abondance. Ces peuples sont d'une couleur cuivrée très foncée. Ils ont les traits du visage laids comme ceux

des Tartares; sont gras, mais n'ont pas le
ventre gros. Le missionnaire qui réside
avec eux, nous assura qu'il n'avait remarqué aucune différence dans la santé de ces
sauvages, pendant tout le temps qu'ils
mangeaient de la terre.

Voilà le simple narré des faits. Les Indiens mangent de grandes quantités de
glaise, sans que leur santé en souffre. Ils
regardent cette terre comme un mets nourrissant, c'est-à-dire, qu'ils trouvent que
l'usage qu'ils en font les rassasie pour quelque temps. Ils attribuent cette sensation
de satiété à la glaise, et non aux autres
nourritures assez chétives qu'ils peuvent
y joindre. Si l'on demande aux Ottomaques
quelle est leur provision d'hiver, et l'on
appelle hiver, dans la partie chaude de
l'Amérique du sud, la saison des pluies, ils

montrent les tas de terre amoncelés dans leurs huttes. Mais ces faits partiels ne décident pas les questions suivantes : la glaise peut-elle réellement être une substance nutritive? Les terres peuvent-elles s'assimiler à notre nature? ou ne sont-elles qu'un lest pour l'estomac? Ne servent-elles qu'à tenir ses parois dilatées, et de cette manière contribuent-elles à apaiser la faim? je ne puis décider toutes ces questions *. Il est assez singulier que le Père Gumila, d'ailleurs si crédule, et dont l'ouvrage est si dépourvu de saine critique, veuille absolument nier que les Indiens mangent de la terre **. Il prétend que les

---

* J'ai soumis ces questions physiologiques à un nouvel examen. *Relation Historique,* T. II, p. 608 — 620.

** *Histoire de l'Orénoque,* T. I, p. 283.

boulettes de glaise sont mêlées de farine de maïs et de graisse de crocodile. Mais le missionnaire Fray Ramon Bueno, et le frère Fray Juan Gonzales, notre ami et notre compagnon de voyage, que la mer a englouti sur la côte d'Afrique avec une partie de nos collections, nous ont assuré tous deux que les Ottomaques n'enduisent pas la glaise de graisse de crocodile. A Uruana, nous n'avons jamais entendu parler de ce mélange de farine. La terre que nous avons apportée, et que M. Vauquelin a analysée, est pure, et sans aucun mélange. Gumila, en confondant des faits étrangers, n'aurait-il pas voulu faire allusion au pain qu'on prépare avec les gousses allongées d'une espèce d'inga? Ce fruit est mis en terre, afin qu'il fermente plus tôt. — Ce qui d'ailleurs me surprend davantage, c'est que l'usage d'une si grande quantité de terre ne cause aucune maladie aux Ottomaques. Cette peuplade est-elle habituée à ce mets, depuis un grand nombre de générations? Dans toutes les contrées de la zone torride, les hommes ont un désir étonnant et presque irrésistible de manger de la terre, non pas une terre alcaline ou calcaire, pour neutraliser des sucs acides, mais une glaise très grasse, et dont l'odeur est très forte. On est souvent obligé de lier les enfans, pour les empêcher de sortir et de manger de la terre quand la pluie a cessé de tomber. Au village de Banco, sur le bord du Rio Magdalèna, les femmes indigènes qui font des pots de terre, mettent en travaillant, ainsi que je l'ai vu avec surprise, de gros morceaux de glaise dans leur bouche*.

---

* Gili a fait la même remarque, *Saggio di sto-*

Les autres peuplades de l'Amérique ne tardent pas à devenir malades, lorsqu'elles cèdent à cette singulière envie de manger de la terre. Dans la mission de San-Borgia, nous vîmes un enfant qui, d'après ce que nous dit sa mère, ne voulait manger que de la terre, et que cette nourriture avait maigri comme un squelette. Pourquoi dans les zones tempérées et froides la manie de manger de la terre est-elle si rare, et n'existe-t-elle que chez les enfans et les femmes grosses? On peut avancer que dans toutes les régions de la zone torride, cet appétit pour la terre a

---

ria dell' America, T. II, p. 311. En hiver, les loups mangent de la terre et surtout de la glaise. En général, il serait intéressant d'analyser les déjections de tous les hommes et de tous les animaux qui mangent de la terre.

été observé. En Guinée, les nègres mangent une terre jaunâtre, qu'ils appellent
caouac. Les esclaves qu'on mène en Amérique tâchent de s'y procurer une semblable jouissance ; mais c'est toujours au
détriment de leur santé.

« Une autre cause du *mal d'estomac*,
« très générale encore, dit un voyageur
« moderne, c'est que plusieurs de ces nègres
« venus de la côte de Guinée mangent de
« la terre ; ce n'est point par un goût dé-
« pravé, c'est-à-dire par une suite seule-
« ment de leur maladie ; c'est une habi-
« tude contractée chez eux, où ils disent
« qu'ils mangent habituellement, sans en
« être incommodés, une certaine terre
« dont le goût leur plaît. Ils recherchent
« chez nous la terre la plus approchante
« de celle-là. Celle qu'ils préfèrent ordi-

« nairement est un tuf rouge - jaunâtre
« très commun dans nos îles. On en vend
« même secrètement dans nos marchés pu-
« blics, sous le nom de caouac. (M. Thi-
« baut était à la Martinique en 1751.)...
« Ceux qui sont dans cet usage en sont si
« friands, qu'il n'y a point de châtiment
« qui puisse les empêcher d'en manger * ».
Dans les villages de l'île de Java, entre
Sourabaya et Samarang, M. la Billardière
vit de petits gâteaux carrés et rougeâtres
exposés en vente. Les naturels les appellent
tanaampo. En les examinant de plus près,
il reconnut que ces gâteaux étaient de
glaise rougeâtre que l'on mangeait **. Les

---

* Thibaut de Chanvallon, *Voyage à la Marti-*
tinique, p. 85

** *Voyage à la recherche de la Peyrouse*, Vol. XI,
p. 322.

habitans de la nouvelle Calédonie mangent, pour apaiser leur faim, des morceaux
gros comme le poing d'une pierre ollaire
friable. M. Vauquelin, en l'analysant, y
a trouvé une quantité de cuivre assez considérable *. A Popayan et dans plusieurs
parties du Pérou , les indigènes achètent
au marché de la terre calcaire avec d'autres
denrées. Pour en faire usage, ils y mêlent
le cocca, c'est-à-dire les feuilles de l'*ery-
throxilon peruvianum*. Ainsi nous trouvons ce goût de manger de la terre, que
la nature semblerait avoir dû réserver aux
habitans des régions ingrates du nord, répandu dans toute la zone torride parmi ces
races d'hommes indolens qui vivent dans
les contrées les plus belles et les plus fé-
condes de la terre.

_____

* *Ibid.* p. 205.

SUR L'ESPÈCE DE TERRE QU'ON MANGE A JAVA

Extrait d'une lettre de M. LESCHENAULT,
*Botaniste de l'expédition des décou-
vertes aux Terres Australes, à* M. DE
HUMBOLDT.

La terre que mangent quelquefois les
habitans de l'île de Java, est une espèce
d'argile rougeâtre, un peu ferrugineuse ;
on l'étend en lames minces, on la fait
torréfier sur une plaque de tôle, après
l'avoir roulée en petits cornets dans la
forme à peu près de l'écorce de canelle du
commerce ; en cet état elle prend le nom
d'*ampo*, et se vend dans les marchés pu-
blics.

L'*ampo* a un goût de brûlé très fade que
lui a donné la torréfaction : il est très
absorbant, happe à la langue, et la des-
sèche ; il n'y a presque que les femmes
qui mangent l'*ampo*, surtout dans le temps
de leurs grossesses, ou lorsqu'elles sont
atteintes du mal qu'on nomme en Europe,
appétit déréglé. Plusieurs mangent aussi
l'*ampo* pour se faire maigrir, parce que le
défaut d'embonpoint est une sorte de
beauté parmi les Javans. Le désir de rester plus long-temps belles, leur ferme les
yeux sur les suites pernicieuses de cet
usage qui, par l'habitude, devient un besoin dont il leur est très difficile de se se-
vrer. Elles perdent l'appétit et ne prennent plus, qu'avec dégoût, une très petite
quantité de nourriture. Je pense que l'*ampo*
n'agit que comme absorbant, en s'empa-
rant du suc gastrique : il dissimule les

besoins de l'estomac, sans les satisfaire. Bien loin de' nourrir le corps, il le prive de l'appétit, cet avertissement utile que la nature lui a donné pour pourvoir à sa conservation; aussi l'usage habituel de l'*ampo* fait dépérir et conduit insensiblement à l'éthisie et à une mort prématurée. il serait très utile pour apaiser momentanément la faim dans une circonstance où l'on serait privé de nourriture, ou bien si l'on n'avait pour la satisfaire que des substances malsaines ou nuisibles.

LESCHENAULT.

Paris, le 15 mai 1808.

49 Des figures gravées sur des rochers, p. 53.

Dans l'intérieur de l'Amérique méridionale, entre les 2ᵉ et 4ᵉ parallèles

nord, s'étend une plaine boisée qui est
entourée par quatre rivières, l'Orénoque,
l'Atapabo, le Rio Negro et le Cassiquiarè.
On y trouve des rochers de syénite et de
granit qui sont, ainsi que ceux de Caï-
cara et d'Uruana, couverts de figures
symboliques colossales représentant des
crocodiles, des jaguars, des ustensiles de
ménage et les images du soleil et de la lune.
Aujourd'hui ce coin de la terre est inha-
bité dans une étendue de plus de cinq cents
lieues carrées. Les peuplades voisines se
composent de misérables, ravalés au degré le plus bas de la civilisation, menant
une vie errante, et bien éloignés de pouvoir graver des hiéroglyphes sur les rochers. On peut suivre dans l'Amérique
méridionale une zone entière de rochers
couverts de figures symboliques, depuis
le Rupunury et l'Essequibo, jusqu'aux

rives de l'Yupura *. Ces vases de granit,
ornés d'élégantes arabesques, ainsi que ces
masques de terre semblables à ceux des
Romains, qu'on a découverts sur la côte
de Mosquitos, chez des Indiens tout-à-fait
sauvages, sont aussi des débris remarquables d'une civilisation éteinte **. J'ai
fait graver les premiers dans l'Atlas pittoresque qui accompagne la partie historique de mon voyage. Les antiquaires s'éton-
nent de la ressemblance qui existe entre
ces bas-reliefs à la grecque et ceux qui
ornent le palais de Mitla, près d'Oaxaca
dans la Nouvelle-Espagne. Je n'ai pas vu
dans les sculptures péruviennes les figures

---

* Voyez ma *Relation historique*, T. II, p. 589,
et l'excellent ouvrage de M. Martius, intitulé *Mémoire sur la physionomie des végétaux du Brésil*
(1824), p. 14.

** *Archæologia*, T. V, p. 95; T. VI, p. 117.

d'hommes à grands nez, si fréquentes dans
les bas-reliefs de Palenquè, dans le pays
de Guatemala, et dans les peintures aztèques. M. Klaproth se souvient d'avoir
observé de ces nez très gros chez les
Khalka, horde des Mongols du nord. Les
hommes à gros yeux et au teint blanchâ-
tre, dont Marchand fait mention sous les
54° et 58° degrés de latitude boréale, des-
cendent-ils des Ousoun de l'Asie intérieure,
qui appartiennent à la race Alano-go-
thique.

⁵⁰ Mais préparés au meurtre , p. 54.

Les Ottomaques empoisonnent souvent
l'ongle de leur pouce avec le curarè : la
simple impression de cet ongle est mor-
telle, quand le curarè se mêle avec le sang.
Nous possédons le végétal vénéneux dont

le suc sert à préparer le curarè, dans la mission de l'Esmeralda, sur l'Orénoque supérieur. Malheureusement nous ne trouvâmes pas cette plante en fleur. D'après sa physionomie, elle a de l'affinité avec les *strychnos* *.

* *Relation historique*, T. II, p. 547-556.

CONSIDÉRATIONS

SUR

LES CATARACTES

DE L'ORÉNOQUE.

CONSIDÉRATIONS

sur

LES CATARACTES

DE L'ORÉNOQUE.

Dᴀɴs la dernière séance publique de cette académie *, j'ai peint ces plaines immenses dont le caractère est diversement modifié par le climat ; qui tantôt, sont des déserts privés de toute végétation , tantôt des step-

---

* Ce mémoire a été, ainsi que les précédens, lu dans les séances publiques de l'Académie de Berlin, en 1806 et 1807.

I.   14

pes ou des savanes couvertes d'herbes. Aux
llanos de la partie méridionale du nouveau
continent, j'ai opposé l'affreuse mer de sable que renferme l'intérieur de l'Afrique,
et à celle-ci, la steppe élevée de l'Asie
centrale, séjour de peuples pasteurs et
conquérans, qui jadis refoulés du fond de
l'Orient, ont répandu sur toute la terre, la
barbarie et la désolation.

J'ai alors hasardé de réunir de grandes
masses dans le tableau de la nature, et de
présenter à cette assemblée des objets dont
le coloris répondît à la disposition de nos
ames; aujourd'hui me renfermant dans un
cercle plus circonscrit de phénomènes, je
vais esquisser le tableau riant d'une végétation abondante et de vallées arrosées par
des eaux écumeuses. Je décris deux grandes scènes que la nature a placées au sein

de la Guyane, dans les solitudes d'Aturès
et de Maypurès, ces cataractes de l'Orénoque, si célèbres, mais, avant moi, peu
visitées par les Européens.

L'impression que laisse en nous l'aspect
de la nature, est moins déterminée par
les détails particuliers à un canton, que
par le jour sous lequel se montrent les
montagnes et les plaines; tantôt éclairées
par un ciel d'un bleu aérien, tantôt ne re-
cevant qu'une lumière terne à travers les
nuages amoncelés. De même les peintures
de cet aspect varié produisent sur nous
un effet plus fort ou plus faible, suivant
qu'elles sont en harmonie avec les besoins
de notre sensibilité; car c'est dans l'intérieur de notre ame que se peint l'image
exacte et vivante du monde physique. Le
contour des montagnes qui, dans un loin-

lain vaporeux, bornent l'horizon, l'obscurité des forêts de sapins, le torrent qui
s'en échappe et qui se précipite avec furie
au milieu des rochers suspendus ; en un
mot, tout ce qui constitue la physionomie
d'un paysage, a eu de tout temps des rapports mystérieux avec la vie intérieure de
l'homme.

De ces rapports découle la plus noble partie des jouissances que nous donne la nature. Nulle part elle ne nous pénètre plus
du sentiment profond de sa grandeur,
nulle part elle ne nous parle plus fortement
que sous le ciel des Indes. C'est pourquoi
si j'ose aujourd'hui présenter encore à cette
assemblée un nouveau tableau de ces contrées, il m'est permis d'espérer qu'elle ne
sera pas insensible à l'intérêt qu'il inspire.
Le souvenir d'une terre lointaine et fé-

conde, l'aspect d'une végétation libre et vigoureuse, rajeunissent et fortifient l'ame; et oppressé par le présent, l'esprit aime à s'occuper de la jeunesse du genre humain et de sa sublime simplicité.

Les vents alisés et les courans qui portent à l'occident, favorisent la navigation sur le tranquille bras de mer [1] qui remplit la vallée immense située entre le nouveau continent et l'occident de l'Afrique. Avant que la côte d'Amérique sorte de la surface arrondie des flots, on remarque le bouillonnement des vagues qui se croisent et se choquent en écumant. Les navigateurs qui ne connaissent pas ces parages, pourraient supposer le voisinage de basfonds, ou la sortie singulière d'une source d'eau douce, au milieu de l'Océan, comme on en voit une entre les Antilles [2].

Plus près de la côte granitique de la
Guyane, on aperçoit la vaste embouchure
d'un grand fleuve qui paraît comme un
lac sans bords, et de ses eaux douces couvre au loin l'Océan. Ses ondes verdâtres,
ses vagues d'un blanc de lait au-dessus des
écueils, contrastent avec le bleu foncé de
la mer qui les coupe par une ligne bien
tranchée.

Le nom d'Orénoque donné à ce fleuve,
par ceux qui les premiers l'ont découvert,
et qui doit sans doute son origine à une
confusion de langage, est entièrement inconnu dans l'intérieur du pays. En effet,
les peuples encore simples et grossiers ne
distinguent, par des noms particuliers, que
les objets qui peuvent être confondus avec
d'autres. l'Orénoque, la rivière des Amazones et celle de la Madeleine, ne sont

appelées que la rivière, quelquefois la
grande rivière, la grande eau ; mais les
habitans qui vivent sur leurs rives, désignent par des noms propres, les plus petits ruisseaux.

Le courant formé par l'Orénoque, entre
le continent de l'Amérique du Sud et l'île
de la Trinité abondante en asphalte, est
si fort que les navires, qui, favorisés par
un vent frais de l'ouest, veulent voguer
à pleines voiles contre sa direction, peuvent à peine le refouler. Cet endroit solitaire et redouté, s'appelle le golfe Triste.
L'entrée en est formée par la bouche du
Dragon. C'est là que, du milieu des flots
furieux, s'élèvent d'énormes rochers isolés, reste de la digue antique [3] renversée
par le courant, digue qui joignit jadis l'île
de la Trinité à la côte de Paria.

Ce fut à l'aspect de ce lieu que Colomb, ce hardi navigateur qui découvrit un monde nouveau, fut convaincu, pour la première fois, de l'existence du continent de l'Amérique. « Une quantité si prodi-« gieuse d'eau douce, » ainsi raisonnait cet homme qui connaissait parfaitement la nature, « n'a pu être rassemblée que par « un fleuve d'un cours très prolongé. La « terre qui donne cette eau, doit être un « continent, et non pas un île. » Les compagnons d'Alexandre, après avoir franchi le Paropamisus couvert de neige [4], crurent reconnaître un bras du Nil, dans l'Indus abondant en crocodiles [*]; Colomb qui ignorait la ressemblance de physionomie qu'ont entre elles toutes les productions du climat des palmes, pensait que le

---

[*] Arrian. *Hist.* lib. **VI**, initio.

nouveau continent était le prolongement
de la côte orientale de l'Asie. La douce fraîcheur de l'air du soir, la pureté éthérée du
firmament, les émanations balsamiques des
fleurs que la brise de terre lui apportait,
tout, comme le raconte Herrera [5] dans ses
décades, fit conjecturer à Colomb, qu'il
ne devait pas être éloigné du jardin d'E-
den, ce séjour sacré des premiers humains.
L'Orénoque lui parut un des quatre fleuves, qui, selon les traditions respectables
du monde primitif, sortaient du paradis
terrestre pour arroser et partager la terre
nouvellement décorée de plantes. Ce passage poétique de la relation du voyage de
Colomb, a un intérêt particulier et sen-
timental. Il nous révèle que l'imagination
créatrice du poète parle chez le navigateur
qui a découvert un monde comme chez tous
les hommes doués d'un grand caractère.

Lorsque l'on considère l'immense volume d'eau que l'Orénoque porte à l'océan atlantique, on est tenté de demander lequel de l'Orénoque, de la rivière des Amazones, ou du Rio de la Plata, est le plus considérable. La question est trop vague, de même que toute idée de grandeur physique. L'embouchure du Rio de la Plata, est la plus large; elle a vingt-trois lieues d'une rive à l'autre. Mais relativement à l'Orénoque et à l'Amazone, ce fleuve est, comme ceux de l'Angleterre, d'une longueur médiocre. Son peu de profondeur, dès Buenos-Ayres, met obstacle à sa navigation, en remontant Ca rivière des Amazones est le plus long de tous les fleuves· Son cours, depuis sa source dans le lac de Lauricocha, jusqu'a son embouchure est de 720 lieues. Mais sa largeur dans la province de Jaen de Bracamoros, près de la cata-

racte de Rentama où je la mesurai au-dessous de la montagne pittoresque de Pata-
chuma , égale à peine celle du Rhin à
Mayence.

L'Orénoque, à son embouchure, paraît
plus étroit que le Rio de la Plata et la
rivière des Amazones. D'après mes observations astronomiques, son cours n'est
que de 260 lieues. Mais dans la partie
la plus reculée de la Guyane , à 140
lieues de son embouchure, je trouvai
que, dans le temps des hautes eaux, ce
fleuve avait 16,200 pieds de largeur.
Le gonflement périodique de ses eaux
élève leur niveau de quarante-huit à cin-
quante-deux pieds au-dessus du point
où elles sont les plus basses. Pour faire
une comparaison exacte des fleuves prodigieux qui coupent le continent de l'A-

mérique du sud , nous manquons de matériaux suffisans. Il faudrait connaître le
profil du lit des fleuves, et leur vitesse
qui doit différer dans chaque partie de leur
cours.

Par le Delta qu'enferment ses bras sub-
divisés en une infinité d'autres et non encore explorés, par la régularité de son
gonflement et de son abaissement, par la
grosseur et la quantité de ses crocodiles,
l'Orénoque offre plusieurs traits de ressemblance avec le Nil que la nature
forma sur une échelle plus petite. Il en
existe un autre encore entre ces deux
fleuves : ils ne sont long-temps que des
torrens impétueux qui, au milieu des
forêts, se frayent un cours à travers des
montagnes de granit et de syénite , jusqu'à
l'instant où, bordés de rivages sans ar-

bres, ils coulent lentement sur une surface presque absolument horizontale. Depuis le fameux lac de Gogam, situé dans
les Alpes de l'Abyssinie, jusqu'à Syène
et Elephantine, le Nil perce à travers les
montagnes de Changalla et de Sennaar.
L'Orénoque sort de la pente méridionale
de la chaîne de montagnes, qui, sous le
4e et le 5e parallèles nord, s'étend de
l'est à l'ouest, depuis la Guyane française, jusqu'aux Andes de la Nouvelle
Grenade vers l'Ouest. Les sources de
l'Orénoque n'ont été visitées par aucun
Européen, et même par aucun naturel
qui ait eu quelque relation avec les Européens.

Dans l'été de l'an 1800, lorsque nous
naviguions sur l'Orénoque supérieur, nous
arrivâmes aux embouchures du Sodomoni

et du Guapo. Là, s'élève bien au-dessus
des nues la cîme sourcilleuse du Duida,
montagne dont l'aspect offre une des scènes
les plus imposantes que la nature étale
sous les tropiques. La pente méridionale
est une savane sans arbres. L'air humide du
soir est embaumé du parfum qu'exhalent
les ananas dont les tiges succulentes croissent au milieu des plantes basses de la
prairie : au-dessous de la couronne de
feuilles, d'un vert bleuâtre, leur fruit doré
brille au loin. Dans les endroits où les
eaux sortent du tapis de verdure, de hauts
palmiers en éventail forment des groupes
solitaires. Dans cette région brûlante, nul
courant d'air rafraîchissant ne vient agiter
leur feuillage.

A l'ouest du Duida, commence une
épaisse forêt de cacaotiers sauvages, qu'en-

tourent le *Bertholetia excelsa* *, cet
amandier célèbre, la production végétale
la plus vigoureuse des tropiques. C'est là
que les naturels viennent recueillir les
matériaux pour faire leurs cors; ce sont
des chalumeaux de graminées gigantesques, qui d'un nœud à l'autre ont des articulations longues de dix-sept pieds. Quelques moines franciscains ont pénétré jusqu'à l'embouchure du Chiguiré, où l'Orénoque est si étroit, que près de la cataracte
des Guaharibes, les naturels y ont jeté un
pont fait de lianes tressées. Les Guaïcas,
race d'homme d'une blancheur surprenante, mais très petits, empêchent d'a-
vancer plus loin vers l'est, le voya-

---

* *Juvia* ou *Bertholetia excelsa.* Voyez *Plantæ
Æquinoctiales.* T. I, p. 122, et *Relation historique*, T. II, p. 474—495—558—562.

geur qui redoute leurs flèches empoison-
nées.

Aussi tout ce que l'on rapporte sur le
lac dont l'Orénoque tire sa source est-il
fabuleux. C'est en vain qu'on chercherait
dans la nature le lac appelé Laguna del
Dorado, qui, sur la carte la plus récente
d'Arrowsmith, a une longueur de vingt
lieues et paraît une mer intérieure. Le
petit lac couvert de roseaux, d'où le Pi-
rara, affluent du Mao, tire sa source, aurait-il donné lieu à cette fable? Mais ce
marécage est situé cinq degrés plus à
l'ouest que le canton où l'on peut supposer
que se trouvent les sources de l'Orénoque.
Au milieu est l'île de Pumacena, qui probablement est un rocher de schiste micacé, dont le brillant, depuis le seizième
siècle, a joué un rôle remarquable, mais

souvent fatal pour la crédule humanité,
en donnant naissance à la fable de l'Eldorado.

Selon la tradition de plusieurs naturels,
les *nuées de Magellan* du ciel austral, et
même les magnifiques *nébuleuses du vaisseau Argo*, ne sont que le reflet de l'é-
clat métallique que jette la montagne
d'argent de Parimé. Au reste, c'est une
vieille habitude des géographes par théorie, de faire sortir de lacs, tous les grands
fleuves du monde.

L'Orénoque est du nombre de ces fleuves
singuliers qui; après avoir fait beaucoup
de détours à l'ouest et à l'est, suivent enfin
une direction tellement rétrograde, que
leur embouchure se trouve presque dans
le même méridien que leur source. Du

I.   15

Chiguiré et du Gehettè au Guaviarè, l'O-
rénoque court à l'ouest, comme s'il voulait porter ses eaux au grand Océan. Dans
cet espace, il envoie au sud un bras très
remarquable, appelé le Cassiquiarè, peu
connu en Europe, et qui se réunit au Rio-
Negro ou, comme le nomment les naturels, au Guaïnia, exemple unique de
l'embranchement de deux grands fleuves.

La nature du sol et la jonction du Guaviarè et de l'Atabapo avec l'Orénoque, déterminent ce dernier à se diriger tout d'un
coup vers le Nord. Par ignorance de la géographie, on a long-temps pris le Guaviarè
pour la véritable source de l'Orénoque.
Les doutes qu'un géographe célèbre, M.
Buache [6], a élevés dès 1797 sur la possibilité de l'union de ce fleuve avec celui des
Amazones, sont, je l'espère, entièrement

dissipés par mon voyage. Une navigation
non interrompue de quatre cent soixante-
douze lieues sur un singulier réseau de
fleuves, m'a conduit du Rio Negro par le
Cassiquiarè dans l'Orénoque, ou bien des
frontières du Brésil, par l'intérieur du
continent, jusqu'aux côtes de Caracas.

Dans la partie supérieure du bassin de
ces fleuves, entre le 3e et le 4e parallèle
nord, la nature a plusieurs fois répété
le phénomène singulier de ce qu'on
appelle les eaux noires. L'Atabapo dont
les rives sont ornées de carolinea et
de melastomes arborescens, le Temi,
le Tuamini, et le Guaïnia ont des eaux
d'une teinte couleur de café. A l'ombre des
massifs de palmiers, leur couleur passe
au noir foncé, mais dans des vaisseaux
transparens, les eaux sont d'un jaune

doré. L'image des constellations australes
se reflète avec un éclat singulier dans ces
rivières noires. Partout où leurs eaux
coulent doucement, elles offrent à l'astronome qui observe avec des instrumens de
réflexion, un excellent horizon artificiel.

Le manque de crocodiles et de poissons,
une fraîcheur plus grande, un moindre nombre de moustiqûes piquantes et un air sa-
lubre distinguent la région des rivières
noires. Elles doivent probablement leur
couleur à une dissolution de carbure d'hydrogène, à l'abondance de la végétation,
et à la multitude de plantes dont est couvert le sol qu'elles traversent. En effet, sur
la pente occidentale du Chimborazo, du
côté du grand Océan, j'ai remarqué que
l'eau qui sortait du Rio de Guayaquil prenait graduellement une teinte jaune dorée,

puis une couleur de café quand elle avait
séjourné pendant quelque temps sur les
prairies.

A peu de distance de l'embouchure du
Guaviarè et de l'Atabapo, on trouve le
palmier de la forme la plus noble, le piri-
guao*. Son tronc lisse, haut de soixante
pieds, est terminé par un bouquet de
feuilles délicates comme celles des roseaux, et frisées sur les bords. Je ne con-
nais pas de palmier qui porte des fruits
aussi gros et aussi agréablement colorés ;
ils sont, comme la pêche, jaunes et pour-
prés. Réunis au nombre de soixante à
quatre-vingts, ils forment des grappes
monstrueuses dont, sur chaque tronc,

---

* Kunth dans *Nova genera* de Humboldt et Bonpland, T. I, p. 315.

trois murissent tous les ans. On pourrait
nommer ce superbe végétal, le palmier-
pêcher. Ses fruits charnus sont la plupart
sans semences à cause de la végétation
trop abondante en sucs. Ils fournissent
aux naturels un mets nourrissant et fari-
neux, qui peut, comme les bananes et
les pommes de terre, être apprêté de plusieurs manières différentes.

Jusqu'à cet endroit, ou jusqu'au confluent du Guaviarè, l'Orénoque coule le
long de la pente méridionale de la montagne de Parimé. Depuis sa rive gauche,
jusque bien au-delà de l'équateur au
15ᵉ degré de latitude australe, s'étend
le bassin immense et boisé de la rivière
des Amazones. Mais à San-Fernando
de Atabapo, l'Orénoque, tournant brusquement au nord, perce une partie de

la chaîne de montagnes. C'est là que sont
situées les grandes cataractes d'Aturès et
de Maypurès. Là le lit du fleuve est rétréci par des masses de rochers gigantesques, et comme partagé en différens réservoirs par des digues naturelles.

Au milieu d'un gouffre où les eaux tour-
billonnent vis à vis l'embouchure du
Mèta, s'élance une énorme roche isolée
que les naturels ont nommée avec raison
la pierre de patience ; car lorsque les eaux
sont basses, les voyageurs qui remontent le
fleuve, sont quelquefois obligés de s'y arrê-
ter pendant deux jours entiers. Le fleuve en
pénétrant très avant au milieu des terres ,
forme dans les rocs des baies très pittoresques. Vis à vis la mission de Carichana,
le voyageur est surpris par un aspect extraordinaire. L'œil se fixe involoi taire-

ment sur le Mogoté de Cocuyza , rocher
raboteux de granite de forme cubique, qui
élève perpendiculairement ses flancs escarpés à deux cents pieds de hauteur, et
porte sur son plateau supérieur une forêt
de grands arbres. Semblable à un monument cyclopéen simple dans sa grandeur,
cette masse de rocs dépasse le faîte des
palmiers qui l'entourent, et par ses contours fortement prononcés, tranche le
bleu foncé du ciel , et présente une forêt
au-dessus d'une forêt.

Si l'on descend plus bas vers la mission
de Carichana, on arrive à un point où le
fleuve s'est ouvert un passage par le défilé
très étroit du Baraguan. On reconnaît partout les traces d'un chaos de bouleverse-
mens. Plus au Nord , près d'Uruana et
d'Encaramada, s'élèvent des masses de

granite, d'un aspect grotesque. Partagées par des hachures extraordinaires, et éblouissantes de blancheur; elles resplendissent au loin du milieu d'un massif de verdure.

Dans cette contrée, depuis l'embouchure de l'Apurè, le fleuve quitte la chaîne de granite. Se dirigeant à l'est, il sépare, jusqu'à l'Océan, les forêts impénétrables de la Guyane, des savanes, où dans un lointain sans bornes repose la voûte du ciel. Ainsi, l'Orénoque entoure de trois côtés, au Sud, à l'Ouest, et au Nord, le groupe de hautes montagnes qui remplissent le vaste espace entre les sources du Jaɔ et du Caura. Depuis Carichana, jusqu'à son embouchure, le fleuve est libre de rochers et de tourbillons, à l'exception de la bouche de l'enfer (Boca del infierno),

près de Muitaco , où les rochers occasionent un tournoiement , mais ne barrent
pas le lit entier du fleuve , comme à
Aturès et à Maypurès. A Muitaco , près
de la mer , les marins ne connaissent pas
d'autre danger que celui des véritables
radeaux naturels, contre lesquels les pirogues viennent souvent échouer pendant la
nuit. Ces radeaux se forment de grands
arbres, que le fleuve , en se débordant ,
déracine et entraîne. Couverts , comme
des prairies, de plantes aquatiques, ils
rappellent les jardins flottans des lacs de
Mexico.

Après avoir jeté ce coup-d'œil rapide
sur le cours de l'Orénoque , et sur ce qu'il
offre de remarquable en général , je passe
à la description des cataractes de Maypurès
et d'Aturès.

Du groupe des hautes montagnes de Cunavami, entre les sources du Sipapo et du Ventuari, une chaîne granitique se prolonge à l'ouest, et s'avance vers les monts Uniama. De cette chaine sortent quatre ruisseaux qui embrassent en quelque sorte les cataractes de Maypurès; savoir : sur la rive orientale de l'Orénoque, le Sipapo et le Sanariapo, et sur sa rive occidentale, le Cameji et le Toparo. Dans l'endroit où est le village de Maypurès, les montagnes forment une vaste gorge ouverte au sud-ouest.

Aujourd'hui le fleuve roule ses flots écumans, au bas de la pente du chaînon oriental de la montagne; mais on reconnaît au loin du côté occidental, l'ancien rivage qu'il a abandonné. Une vaste savane s'étend d'un côté à l'autre. Les jésuites

y ont construit , avec des troncs de palmiers , une petite église. Cette plaine est
à peine élevée de trente pieds au-dessus du
niveau du fleuve.

L'aspect géognostique de ces lieux , la
forme insulaire des rochers de Kèri et
d'Oco , les cavités que les flots ont creusées
dans le premier de ces côteaux , et qui
sont placées précisément à la même hauteur que les excavations qu'on aperçoit
dans l'île d'Uivitari , située vis à vis ; ces
apparences réunies , prouvent que toute
cette anse aujourd'hui à sec , était jadis
couverte par l'Orénoque. Les eaux for-
mèrent probablement un lac immense,
aussi long-temps que la digue du Nord leur
résista. Lorsqu'elle fut renversée , la savane habitée par les Guarèquès , parut
d'abord comme une île. Peut-être le fleuve

entoura-t-il encore long-temps les rochers
pittoresques de Kèri et d'Oco, qui sortent
de son ancien lit, semblables à deux antiques forteresses. En diminuant graduellement, les eaux se retirèrent tout-à-
fait vers le chaînon oriental des montagnes.

Cette conjecture est confirmée par un
grand nombre de faits. L'Orénoque a ici,
comme le Nil près de Philæ et de Syène, la
propriété remarquable de colorer en noir
les masses de granit d'un blanc rougeâtre
qu'il lave depuis des milliers d'années. Jusqu'à la ligne qu'atteignent les eaux, on
observe le long du rivage, une enveloppe
couleur de plomb, qui contient du carbone, et pénètre à peine d'un dixième de
ligne dans l'intérieur de la roche. Cette
couche noirâtre et les cavités dont nous

avons parlé plus haut, font connaître
l'ancienne hauteur des eaux de l'Orénoque.

Dans le rocher de Kèri, dans les îles
des cataractes, dans la chaîne des montagnes de Cumadaminari qui passe au-dessus
de l'île de Tomo, enfin, à l'embouchure
du Jao, on voit de ces cavités noirâtres
élevées de cent cinquante à cent quatre-
vingts pieds au-dessus du niveau actuel
des eaux; ces vestiges nous révèlent ce
que le lit de tous les fleuves d'Europe nous
a fait remarquer, c'est que ces courans
dont la masse excite encore aujourd'hui
notre admiration ne sont que de faibles
restes des immenses volumes d'eau qui sil-
lonnèrent la surface du monde primitif.

Des observations aussi simples n'ont pas

échappé aux grossiers habitans de la
Guyane. Partout ils nous faisaient remarquer l'ancienne hauteur des eaux. Au
milieu d'une savane, près d'Uruana, on
voit un rocher isolé de granit ; suivant
le récit d'hommes dignes de foi, il présente à une élévation de quatre-vingts
pieds des images du soleil, de la lune,
des figures de plusieurs animaux et entr'autres de crocodiles et de boa, creusées
sur la surface et disposées à peu près par
rangées. Personne maintenant ne pourrait, sans le secours d'un échafaudage,
grimper le long des parois perpendicu-
laires de ce rocher qui mérite un examen
attentif de la part des voyageurs futurs.
C'est dans une position tout aussi remarquable qu'on trouve les traits hiérogly-
phiques gravés sur les montagnes d'U-
ruana et d'Encaramada.

Si l'on demande aux naturels comment
ces traits ont pu être creusés, ils répondent
que ce fut jadis aux jours des hautes eaux,
quand leurs pères naviguaient à cette élévation. Une pareille hauteur des eaux a
donc subsisté postérieurement à ces monumens grossiers de l'industrie des hommes. Elle indique un état de la terre qu'il
ne faut pas confondre avec celui où la
première parure végétale de notre planète, les corps gigantesques d'espèces
éteintes de quadrupèdes, et les habitans
de l'Océan du monde primitif ont trouvé
leur tombeau sous l'enveloppe endurcie
de la terre.

L'issue des cataractes vers le nord, est
célèbre par les images du soleil et de la
lune que la nature a tracées. Le rocher
Kéri dont j'ai parlé plusieurs fois, doit

son nom à une tache blanche qui reluit au loin, et à laquelle les naturels prétendent trouver une ressemblance frappante avec le disque de la pleine-lune. Je n'ai pu gravir sur ce roc escarpé, mais la tache blanche est probablement un très grand nœud de quartz que forme la réunion de plusieurs filons sur le granit d'un noir grisâtre.

En face du Kéri, les Indiens montrent avec une admiration mystérieuse, sur la montagne jumelle de basalte de l'île d'Ouivitari, un disque semblable qu'ils adorent comme l'image du soleil (Camosi). Peut-être la position géographique de ces deux rochers a-t-elle aussi contribué à leur faire donner ces noms, car je trouvai que Kéri était tourné au couchant et Camosi au levant. Les hommes qui s'occupent de l'étude des langues, trouveront dans le mot américain Camosi beaucoup de ressemblance avec Camoch, nom du soleil dans un des dialectes phéniciens.

Les cataractes de Maypurès n'offrent pas, comme le saut du Niagara, haut de cent-quarante pieds, la chute d'un énorme volume d'eau qui se précipite à la fois tout entier ; ce ne sont pas non plus des défilés étroits à travers lesquels le fleuve pénètre en accélérant son cours, comme au Pongo de Manseriché de la rivière des Amazones. Elles se forment d'une quantité innombrable de petites cascades, qui se suivent en tombant de degrés en degrés. Le *raudal*, c'est ainsi que les Espagnols nomment cette espèce de cataracte, est déterminé par un archipel d'ilots et de rochers qui rétrécissent tellement le lit du fleuve, large de huit mille pieds, que souvent il ne reste pas vingt pieds de libre pour la navigation. Le côté de l'Orient est aujourd'hui beaucoup moins accessible et plus dangereux que celui de l'Occident.

Au confluent du Cameji et de l'Orénoque on décharge les marchandises ; on confie les canots vides, ou les pirogues, à des naturels qui connaissent bien le raudal et en désignent chaque degré, chaque roche par un nom particulier ; ils guident les canots jusqu'à l'embouchure du Toparo, où l'on regarde le danger comme passé. Lorsqu'il n'y a que des rochers isolés ou des degrés qui n'ont pas plus de deux à trois pieds de haut, ils se hasardent à les descendre en canot. Mais en remontant le fleuve, ils nagent en avant, par-

viennent, après bien des efforts inutiles,
à fixer une corde à une des pointes de rocher qui sortent des eaux, et au moyen
de cette corde ils tirent à eux la barque,
qui durant ce travail pénible, est souvent
chavirée ou entièrement remplie d'eau.

Quelquefois, et c'est le seul accident
que redoutent les naturels, le canot se brise
contre les rochers. Alors les pilotes, le corps
tout sanglant, cherchent à éviter le tourbillon, et à atteindre la rive à la nage.
Lorsque les degrés sont très hauts, et que
la digue des rochers barre entièrement le
fleuve, l'embarcation légère est portée à
terre, et avec l'aide de branches d'arbres
qu'on place dessous en guise de rouleaux,
on la tire jusqu'au prochain rivage.

Les degrés les plus célèbres et les plus

difficiles sont ceux de Purimarimi et de Manimi; leur hauteur est de neuf pieds. Un nivellement géodésique est rendu impossible par les obstacles insurmontables qu'opposent les localités et l'air infect et rempli de myriades de moustiques; mais en me servant du baromètre, j'ai trouvé avec surprise, que la chute entière du raudal, depuis l'embouchure du Cameji, jusqu'à celle du Toparo, était à peine de vingt-huit à trente pieds. Je dis avec surprise, puisque le fracas terrible des vagues écumeuses est dû non pas, comme on le croirait, à la hauteur de la cataracte, mais au rétrécissement du fleuve par un nombre infini de roches et d'îlots, et au contre-courant occasioné par la forme et la situation des masses de rochers. C'est ce que l'on reconnaît facilement, lorsque du village de Maypurès, on descend au bord

du fleuve, en franchissant le rocher de
Manimi.

C'est là qu'on jouit d'un aspect tout-à-
fait merveilleux. Les yeux mesurent soudainement une nappe écumeuse d'un mille
d'étendue. Des masses de rochers d'un noir
de fer sortent de son sein comme de hautes
tours; chaque ilot, chaque roche se pare
d'arbres vigoureux et pressés en groupe;
au-dessus de l'eau, est sans cesse suspen-
due une fumée épaisse; à travers ce brouillard vaporeux où se résout l'écume, s'é-
lancent les cimes des hauts palmiers. Dès
que le rayon brûlant du soleil du soir vient
se briser dans le nuage humide, les phénomènes de l'optique présentent un véritable
enchantement. Les arcs colorés disparaissent et renaissent tour à tour, et, jouet léger de l'air, leur image se balance sans cesse.

Autour des rocs pelés, les eaux mur-
murantes ont, dans les longues saisons des
pluies, entassé des îles de terre végétale.
Parées de *drosera*, de *mimosa* au feuillage
d'un blanc argenté, et d'une multitude de
plantes, elles forment des lits de fleurs, au
milieu des roches nues ; elles rappellent à
l'Européen ces blocs de granit solitaires
et couverts de fleurs, que les habitans des
Alpes appellent *courtils*, et qui percent les
glaciers de la Savoye.

Dans un lointain bleuâtre, l'œil se repose sur la chaîne des montagnes de Cunavami longuement prolongée et dont les
flancs escarpés se terminent par une cime
tronquée. Le dernier chaînon de ces montagnes, auquel les naturels donnent le nom
de Calitamini, nous parut au coucher du
soleil comme une masse rougeâtre ardente.

Cette apparence est chaque jour la même.
Personne ne s'est jamais approché de cette
montagne ; son éclat singulier naît peut-
être du jeu des reflets produits par le talc
ou le schiste micacé.

Pendant les cinq jours que nous passâ-
mes dans le voisinage de la cataracte, nous
remarquâmes avec surprise que le fracas
du fleuve était trois fois plus fort pendant
la nuit que pendant le jour. En Europe on
observe la même singularité à toutes les
chutes d'eau. Quelle en peut être la cause,
dans un désert où rien n'interrompt le silence de la nature ? Il faut probablement
la chercher dans le courant d'air chaud
ascendant qui, le jour, arrête la propagation du son, et qui cesse pendant la
nuit lorsque la surface de la terre est re-
froidie.

Les naturels nous montrèrent des traces
d'ornières de voiture. Ils parlent avec ra-
vissement des animaux cornus qui traî-
naient sur des'voitures les canots le long
de la rive gauche de l'Orénoque depuis
l'embouchure du Cameji, jusqu'à celle du
Toparo, dans le temps où les Jésuites
poursuivaient par les conversions leurs
conquêtes dans cette partie du monde.
Alors les embarcations restaient chargées,
et n'étaient pas détériorées comme aujour-
d'hui par l'échouement et le frottement
continuel contre les rochers raboteux.

Le plan que j'ai tracé de tout le pays
environnant, prouve qu'on peut ouvrir
un canal entre le Cameji et le Toparo. La
vallée où coulent ces deux rivières très
abondantes en eau, est presqu'unie. Le canal dont j'ai proposé l'exécution au gou-

verneur-général de Venezuela dans l'été
de 1800, deviendrait un bras navigable
de l'Orénoque, et rendrait superflue la
navigation dangereuse de l'ancien lit du
fleuve.

Le raudal d'Aturès est entièrement
semblable à celui de Maypurès. Il consiste, comme celui-ci, en une multitude
d'îlots entre lesquels le fleuve se fraye un
passage dans une longueur de trois à quatre mille toises; un massif de palmiers s'y
élève de même du milieu de la surface
écumeuse des eaux. Les plus célèbres degrés de cataractes sont placés entre les îles
d'Avaguri et de Javariveni, entre Suri-
pamana et Uirapuri.

Lorsque M. Bonpland et moi, nous re-
venions des bords du Rio-Negro, nous

nous hasardâmes à franchir dans nos canots chargés cette dernière moitié du raudal d'Aturès. Nous grimpâmes plusieurs
fois sur les rochers qui, semblables à des
digues, joignent les îles les unes aux autres. Tantôt les eaux se précipitent au-de-
la de ces digues, tantôt elles tombent en
dedans avec un bruit sourd. Aussi des portions considérables du lit du fleuve sont-
elles souvent à sec, parce qu'il s'est ouvert
une issue par des canaux souterrains. C'est
dans cette solitude que niche le coq de roche de couleur d'or (*pipra rupicola*), l'un
des plus beaux oiseaux des tropiques, belliqueux comme le coq domestique des
Indes, et remarquable par la double crête
de plumes mobiles dont sa tête est décorée.

Dans le raudal de Canucari, des cubes
escarpés de granit forment la digue. Nous

entrâmes en rampant dans l'intérieur d'une
caverne dont les parois humides étaient
couvertes de conferves et de bissus phos-
phorescens Le fleuve presse avec un fracas
terrible ses flots tumultueux au-dessus de
la caverne. Nous eûmes, par hasard, l'occasion de jouir de cette grande scène de la
nature plus long-temps que nous n'aurions
voulu. Les indiens nous avaient quittés
au milieu de la cataracte. Le canot devait
longer une île étroite pour nous repren-
dre à son extrémité inférieure, après avoir
fait un long détour. Nous restâmes une
heure et demie exposés à une effroyable
pluie d'orage. La nuit s'approchait, nous
cherchâmes en vain un abri dans les fentes
des masses de granit. Les petits singes,
que depuis plusieurs mois nous portions
avec nous dans des cages tressées, atti-
raient, par leurs cris plaintifs, des croco-

diles dont la grosseur et la couleur d'un
gris plombé annonçaient le grand âge. Je
ne ferais pas mention de cette apparition
très commune dans l'Orénoque, si les naturels ne nous avaient pas assuré que
jamais on n'avait vu de crocodiles dans
les cataractes. Pleins de confiance dans
leur assertion, nous avions plus d'une
fois osé nous baigner dans cette partie du
fleuve.

Cependant, avec chaque minute, ac-
croissait pour nous la crainte de nous voir
contraints, mouillés comme nous étions, et
étourdis par le fracas de la cataracte, de
passer sans dormir la longue nuit de la
zone torride au milieu du raudal. Enfin
les Indiens parurent avec notre canot. Le
degré par où ils avaient voulu descendre
était impraticable à cause du peu de pro-

fondeur des eaux. Les pilotes avaient été forcés de chercher dans le labyrinthe du canal un passage plus accessible.

A l'entrée méridionale du raudal d'Aturès, sur la rive droite du fleuve, est la caverne d'Ataruïpè, très célèbre parmi les indigènes. Les environs ont une physionomie grande et imposante, telle qu'ils semblent avoir été d'avance destinés par la nature, à servir de sépulture à une nation. On gravit avec peine, et non sans danger, sur un roc de granit, escarpé et entièrement nu. Il serait presque impossible de fixer le pied sur sa surface lisse, si de grands cristaux de feld-spath, défiant le pouvoir de la décomposition, ne sortaient çà et là hors de la roche.

A peine a-t-on atteint le sommet,

qu'on est surpris par le coup-d'œil étendu de tout le pays d'alentour. Du lit écumeux des eaux s'élèvent des collines ornées de forêts. De l'autre côté du fleuve, au-delà de sa rive occidentale, le regard se repose sur la savane immense du Mèta. A l'horizon, la montagne d'Uniama paraît comme une nuée qui s'élève. Tel est le lointain ; mais autour de l'observateur, tout est désert et resserré. Les engoulevens croassans et les vautours volent solitaires dans la vallée profondément sillonnée, et leur ombre mobile glisse lentement sur les flancs nus du rocher.

Cet abime est borné par des montagnes dont les sommets arrondis portent d'énormes blocs sphériques de granit dont le diamètre est de quarante à cinquante pieds. Ils semblent ne toucher que par un seul

point la roche qui les soutient, et être près
de rouler au fond du précipice à la moindre
secousse de tremblement de terre.

La partie la plus reculée de cette vallée
est couverte d'une épaisse forêt. C'est dans
cet endroit ombragé que s'ouvre la caverne
d'Ataruipé; c'est moins un antre qu'un rocher très saillant où les eaux ont creusé
un enfoncement lorsqu'elles atteignaient à
cette hauteur. Là est le tombeau d'une
peuplade éteinte. Nous y comptâmes environ six cents squelettes bien conservés;
chacun repose dans une corbeille faite
avec des pétioles des feuilles de palmier.
Cette corbeille, que les naturels nomment
mapirès, a la forme d'une espèce de sac
carré; elle est d'une grandeur proportion-
née à l'âge des morts, même pour les enfans moissonnés à l'instant de leur nais-

sance. Tous ces squelettes sont si entiers qu'il n'y manque ni une côte ni une phalange.

Les ossemens sont préparés de trois manières ; ou blanchis, ou peints en rouge avec *l'onoto*, matière colorante tirée, comme le rocou, du *Bixa orellana* ; ou, comme les momies, enduits de résine odorante et enveloppés de feuilles de bananier.

Les naturels racontent que l'on mettait pendant quelques mois le cadavre frais dans la terre humide, afin que les chairs se consumassent peu à peu. Ensuite on l'en retirait, et avec des pierres aiguisées on raclait la chair restée sur les os. Plusieurs hordes de la Guyane pratiquent encore cette coutume. Auprès des mapirès, ou

I. 17

corbeilles, on trouve aussi des urnes d'une
argile à moitié cuite, qui paraissent contenir les os de familles entières.

Les plus grandes de ces urnes ont trois
pieds de haut et cinq pieds et demi de
long ; elles sont d'une forme ovale assez
agréable, et d'une couleur verdâtre ; elles
ont des anses faites en formes de crocodiles
ou de serpens, et le bord d'en haut est dé-
coré de méandres et le labyrinthes. Ces
ornemens sont entièrement semblables à
ceux qui couvrent les murs du palais
mexicain près de Mitla. On les retrouve
sous toutes les zones et dans les degrés de
civilisation les plus différens, chez les
Grecs et les Romains, dans le temple du
Deus Rediculus, à Rome, et sur les bou-
cliers des Taïtiens, partout où une répéti-
tion rhythmique de formes régulières

flattait les yeux. Ces causes, comme je l'ai
développé ailleurs, tiennent trop intimement à la nature intérieure des dispositions
de notre ame, pour qu'elles puissent prou-
ver l'origine commune ou les relations
anciennes des peuples.

Nos interprètes ne purent pas nous donner des notions précises sur l'antiquité de
ces vases. La plupart des squelettes ne
paraissaient pas avoir plus de cent ans.
Il circule une tradition chez les Guareques,
c'est que les belliqueux Aturès, poursui-
vis par les Caribes anthropophages, se
sont sauvés sur les rochers des cataractes,
séjour lugubre où cette peuplade resser-
rée s'éteignit ainsi que son langage. Dans
les parties les plus inaccessibles du Raud-
dal, on trouve de semblables catacombes[7] Il est très vraisemblable que les

dernières familles des Aturès ne se sont
éteintes que très tard; car dans Maypurès,
et c'est un fait singulier, vit encore un
vieux perroquet dont les habitans racontent qu'on ne le comprend point, parce
qu'il parle la langue des Aturès.

Nous quittâmes la caverne au commencement de la nuit, après avoir, au grand
scandale de notre guide, pris plusieurs
crânes et le squelette complet d'un homme
âgé. Un de ces crânes a été figuré par
M. Blumenbach dans son excellent ouvrage craniologique. Quant au squelette,
il a été perdu sur la côte d'Afrique, ainsi
qu'une grande partie de nos collections,
dans un naufrage qui priva de la vie
notre ami, notre camarade de voyage,
Fray Juan Gonzalez, jeune moine franciscain.

Comme émus du pressentiment d'une perte aussi douloureuse, tristes et rêveurs, nous nous éloignâmes de ce tombeau d'une peuplade entière. C'était par une de ces nuits sereines et fraîches, qui sont si ordinaires sous la zone torride. La lune, entourée d'anneaux colorés, brillait au zénith; elle éclairait la lisière du brouillard, qui, comme un nuage à contours fortement prononcés, voilait le fleuve écumeux. Une multitude innombrable d'insectes répandait une lumière phosphorique rougeâtre sur la terre couverte de plantes. Le sol resplendissait d'un feu vivant, comme si les astres du firmament étaient venus s'abattre sur la savane. Des bignonia grimpans, des vanilles odorantes, et des banisteria aux fleurs d'un jaune doré, décoraient l'entrée de la caverne. Au-dessus, les cimes

des palmiers se balançaient en frémis-
sant.

C'est ainsi que s'évanouissent les générations des hommes ; que s'éteint peu à peu
le nom des peuples les plus célèbres ! mais
lorsque chaque fleur de l'esprit se flétrit,
lorsque les ouvrages du génie créateur,
périssent dans les orages des temps,
une vie nouvelle s'élance éternellement
du sein de la terre. Prodigue, infatigable,
la nature génératrice fait sans cesse éclore
les tendres boutons et ne s'inquiète pas, si
les hommes, race perverse et implacable,
ne détruiront point le fruit dans sa ma-
turité.

ÉCLAIRCISSEMENS

ET

ADDITIONS.

ÉCLAIRCISSEMENS

ET

ADDITIONS

¹ Le tranquille bras de mer, p. 213.

Entre le 23ᵉ parallèle sud, et le 70ᵉ parallèle nord, l'Océan atlantique a la forme d'une longue vallée qui est découpée sur ses bords, et dont les angles saillans et rentrans se correspondent exactement. J'ai donné de plus grands développemens à cette idée dans mon essai d'un tableau géologique de l'Amérique méridionale. (Imprimé dans le tome LIII du Journal de Physique , pag. 61.) Depuis les îles Canaries, et surtout depuis le 21ᵉ degré de latitude boréale, et le 25ᵉ de longitude occidentale, jusqu'à la côte du nord-ouest de l'Amérique du sud, la surface de la mer est si tranquille, et les vagues y sont si peu élevées, qu'un canot peut y naviguer avec sécurité.

ª Entre les Antilles, p. 213.

A la côte méridionale de Cuba, au sud-ouest du port de Batabano, dans la baie de Xagua ; mais environ à deux ou trois lieues de la terre, des sources d'eau douce sortent du milieu de l'eau salée, probablement par l'effet de la pression hy-

drostatique. Leur éruption se fait avec
tant de force, que l'approche de ces lieux
fameux est dangereuse pour les petites embarcations, à cause des lames qui sont
très hautes et se croisent en clapotant. Les
navires côtiers approchent quelquefois de
ces sources pour y prendre, au milieu
de la mer, une provision d'eau douce.
Plus on puise profondément, plus l'eau est
douce. On y tue souvent des lamentins
(*Trichecus manati*), animal qui ne se tient
pas habituellemeut dans l'eau salée. Ce
singulier phénomène dont on n'avait pas
encore fait mention, a été examiné avec
la plus grande exactitude, par don Fran-
cisco Lemaur, qui a relevé trigonométriquement la baie de Xagua. J'ai été plus
au sud, dans le groupe d'îles appelées *Jar-*
dines del re, (Jardins du roi) et non à
Xagua même.

Du temps de Strabon et de Pline il y avait encore, dans le détroit de Gibraltar entre les colonnes d'Hercule, un banc ou ressif qui réunissait les deux continens et qu'on appelait, d'un nom bien caractéristique, le seuil de la mer Méditerranée. A quelle époque ont disparu ces écueils dangereux pour les navires carthaginois? Les îles qui, suivant le témoignage de Strabon et de Mela, étaient situées dans le détroit, sont-elles les mêmes que celle que nous trouvons encore aujourd'hui sur la côte d'Afrique?

En lisant la description que Diodore

Lib. XVII, pag. 553, ed. Rhodom., fait du Paropamisus, on croit reconnaître un tableau des Andes du Pérou. L'armée macédonienne passa par des lieux habités, où il tombait tous les jours de la neige.

[5] Herrera, p. 217.

Historia de las Indias Occidentales, Dec. I, libro III. Cap, 12, p. 106. Ed. 1601. —Juan Baptista Muños, *Histoire du Nouveau-Monde*, t. I, p. 367.

[6] Un géographe célèbre, p. 226.

M. Buache. Voyez sa carte de la Guyane, 1789.

⁷ De semblables catacombes, p. 259.

En 1800, quand je parcourais les forêts de l'Orénoque, on fit, d'après un ordre du roi, quelques recherches dans ces cavernes ossuaires. On accusait, mais à tort, le missionnaire des cataractes d'y avoir déterré des trésors que les Jésuites y avaient cachés avant d'abandonner le pays.

FIN DU PREMIER VOLUME.

TABLEAUX
DE LA NATURE.

A. PIHAN DELAFOREST,

IMPRIMEUR DE MONSIEUR LE DAUPHIN ET DE LA COUR DE CASSATION,

rue des Noyers, n° 37.

TABLEAUX
DE LA NATURE

OU

CONSIDÉRATIONS

SUR LES DÉSERTS, SUR LA PHYSIONOMIE DES VÉGÉTAUX,
SUR LES CATARACTES DE L'ORÉNOQUE,
SUR LA STRUCTURE ET L'ACTION DES VOLCANS DANS LES DIFFÉRENTES
RÉGIONS DE LA TERRE, ETC.

Par A. DE HUMBOLDT.

TRADUITS DE L'ALLEMAND

Par J. B. B. EYRIÈS.

TOME SECOND.

PARIS,

GIDE FILS, RUE SAINT – MARC – FEYDEAU, N° 20,
ÉDITEUR
des *Annales des Voyages.*

1828.

IDÉES

SUR LA PHYSIONOMIE

DES

VÉGÉTAUX.

II.   1

IDÉES

SUR LA PHYSIONOMIE

DES

VÉGÉTAUX.

Soit que l'active curiosité de l'homme in-
terroge la nature, soit que son imagination hardie mesure les vastes espaces de
la création organisée, des impressions
multipliées qu'il reçoit, aucune n'est aussi
profonde et aussi forte que le sentiment
de cette profusion avec laquelle la vie
est universellement répandue. Partout,
même sur les glaces polaires, l'air retentit

du chant des oiseaux et du bourdonne-
ment bruyant des insectes. Non-seulement
ses couches inférieures, remplies de vapeurs épaisses, sont animées, mais aussi
les régions supérieures et éthérées. En effet,
toutes les fois qu'on a gravi la chaîne des
Cordillères ou la cime du Mont-Blanc,
on a trouvé des animaux dans ces solitudes. Sur le Chimborazo [1], qui est quatre
fois plus élevé que le Puy-de-Dôme, nous
avons vu des papillons et d'autres insectes
ailés. Emportés par des courans d'air per-
pendiculaires, ils errent étrangers dans
cette région où la curiosité inquiète conduit les pas circonspects de l'homme ; leur
présence prouve que l'organisation animale, plus flexible, peut subsister bien
au-delà des limites où s'est arrêtée celle
des végétaux. S'élevant plus haut que le
pic de Ténériffe entassé sur l'Etna, plus

haut que toutes les cimes des Andes, le condor[a], ce géant des vautours, planait au-dessus de nous. La rapacité de ce puissant volatile l'attire dans ces régions à la poursuite des vigognes au lainage soyeux, qui, comme des chamois, errent en troupeaux dans ces savanes voisines des neiges éternelles.

Si l'œil nu nous montre la vie répandue dans toute l'atmosphère, armé du microscope, il nous découvrira encore de plus grandes merveilles. Des rotifères, des brachions et une infinité d'animalcules, sont enlevés par les vents de la surface des eaux qui se dessèchent. Sans mouvement, plongés dans une mort apparente, ils voltigent dans l'air, peut-être pendant de longues années, jusqu'à ce que la rosée les ramène à la terre, dissolve l'enveloppe

qui enchaîne leurs corps transparens et se
mouvant en tourbillons ⁵, et, probablement par le moyen de l'oxigène que toutes
les eaux contiennent, souffle de nouveau
l'irritabilité dans leurs organes.

Indépendamment des êtres développés,
l'atmosphère porte aussi des germes innombrables d'êtres futurs, des œufs d'insectes, et des semences de plantes que des
aigrettes velues et plumeuses préparent à
de longues pérégrinations automnales.
Cette poussière vivifiante que lancent les
fleurs mâles dans les espèces où les sexes
sont séparés, est, même au-delà des terres
et des mers, portée aux fleurs femelles
solitaires par les insectes ailés ⁴ et le souffle des vents.

Si le mobile océan aérien où nous som-

mes plongés, et au-dessus de la surface
duquel nous ne pouvons nous élever, est
indispensable pour l'existence d'un grand
nombre d'êtres organisés, ils ont encore
besoin d'un aliment plus grossier; qu'ils
ne trouvent qu'au fond de cet océan gazeux.
Ce fond est de deux sortes; la plus petite
partie est la terre sèche entourée immédiatement de l'air; la plus grande est l'eau
qui, il y a peut-être des milliers d'années,
se forma de substances gazeuses conden-
sées par le feu électrique, et qui, aujourd'hui, est décomposée sans cesse
dans l'atelier des nuées, de même que
dans les vaisseaux des animaux et des
plantes.

On ne sait pas encore où la vie est
semée avec le plus de prodigalité. Est-ce
sur les continens, ou dans les immenses

abîmes de la mer? Dans ceux-ci paraissent des vers gélatineux qui, vivans ou
morts, brillent comme des étoiles [5], et
par leur éclat phosphorique changent la
surface du vaste Océan en une mer de
feu. Ce sera pour moi une impression
ineffaçable, que celle des nuits tranquilles
de la zone torride sur le grand Océan : du
bleu foncé du firmament la constellation
de la Croix inclinée à l'horizon, et au zénith celle du Vaisseau, faisaient jaillir
dans l'air parfumé leur lumière douce et
planétaire, tandis que les dauphins tra-
çaient des sillons brillans au milieu des
vagues écumeuses.

Non-seulement l'Océan, mais encore les
eaux des marais recèlent une multitude
innombrable de vers d'une forme surprenante. Nos yeux ont peine à reconnaître

les cyclidies, les tricodes frangés, et la
foule des naïdes, divisibles en rameaux
comme le lemna dont elles cherchent
l'ombrage. Entourés de différens mélanges
d'air, et ne connaissant pas la lumière,
vivent l'ascaris tacheté sous la peau du
ver de terre, là leucophra d'un brillant
argenté dans l'intérieur de la naïde des
rivages, et l'echynorynchus dans les
vastes cellules pulmonaires du serpent
à sonnettes⁶ des tropiques. Ainsi la vie
remplit les lieux les plus cachés de la nature. Arrêtons-nous ici modestement aux
végétaux. C'est à leur existence que tient
celle des espèces animales. Ils travaillent
continuellement à disposer en ordre, pour
l'organiser ensuite, la matière brute de la
terre, et, par leur force vitale, préparent ce mélange qui, après mille modifications, s'ennoblit enfin en formant des

filets nerveux, organes du sentiment et
de l'intelligence.

Le regard que nous attacherons sur les
familles variées des plantes, nous dévoi-
lera aussi quelle foule d'êtres animés elles
nourrissent et conservent.

Qu'il est diversement tissu, le tapis
dont la prodigue déesse des fleurs couvre
la nudité de notre planète : plus serré dans
les climats où le soleil s'élève à une plus
grande hauteur vers un ciel sans nuage ;
plus lâche vers les pôles engourdis où le
retour de la gelée tue le bouton développé,
ou saisit le fruit mûrissant ! Partout,
cependant, l'homme goûte le plaisir de
trouver des végétaux qui le nourrissent.
Que du fond de la mer, comme il arriva
jadis au milieu des îles de la Grèce, un

volcan soulève tout à coup au-dessus des
flots bouillans un rocher couvert de scories,
ou, pour rappeler un phénomène moins
terrible, que des néréides réunies⁷ élèvent
leurs demeures cellulaires pendant des
milliers d'années, jusqu'à ce que, se trouvant au-dessus du niveau de la mer, elles
meurent, après avoir ainsi formé une île
applatie de corail ; la force organique est
déja prête pour faire naître la vie sur ce
rocher. Qui donc y porte si soudainement
des semences? Sont-ce les oiseaux voyageurs, les vents ou les vagues de la mer?
C'est ce que le grand éloignement des côtes
rend difficile à décider. Mais à peine la
pierre est-elle en contact avec l'air, que,
dans les contrées septentrionales, il se
forme à sa surface un réseau de filets velou-
tés qui, à l'œil nu, paraissent des taches
colorées. Quelques-uns sont bordés par des

lignes saillantes, tantôt simples, tantôt
doubles ; d'autres sont traversés par des sillons qui se croisent. A mesure qu'ils vieil-
lissent, leur couleur claire devient plus
foncée. Le jaune qui brillait au loin se
change en brun, et le gris bleuâtre des *le-*
praria prend insensiblement une teinte de
noir poudreux. Les extrémités des enve-
loppes vieillissantes se rapprochent et se
confondent; et sur le fond obscur se forment
de nouveaux lichens de forme circulaire et
d'un blanc éblouissant. C'est ainsi qu'un
réseau organique s'établit par couches suc-
cessives; et de même que la race humaine
parcourt, en s'établissant, des degrés différens de civilisation, de même la propagation graduelle des plantes est liée à des
lois physiques déterminées. Où le chêne
majestueux élève aujourd'hui sa tête
aérienne, jadis de minces lichens cou-

vraient la roche dépourvue de terre. Des
mousses, des graminées, des plantes her-
bacées et des arbrisseaux, remplissent le
vide de ce long intervalle, dont la durée
ne peut être calculée. L'effet produit dans
le nord par les lichens et les mousses, l'est,
dans la zone torride, par le pourpier, le
gomphrena, et d'autres plantes basses
habitantes des rivages. L'histoire de l'enveloppe végétale de notre planète et de sa
propagation graduelle sur la surface pelée
de la terre a ses époques, comme l'histoire
la plus reculée de l'espèce humaine.

La vie est répandue partout ; la force
organique travaille continuellement à rattacher à de nouvelles formes les élémens
séparés par la mort ; mais cette richesse
d'êtres organisés et leur renouvellement
diffèrent suivant la différence des climats.

Dans les zones froides, la nature s'engourdit périodiquement, et comme la fluidité
est une condition de la vie, les animaux,
ainsi que les plantes, à l'exception des
mousses et des autres cryptogames, y
restent ensevelis durant les mois d'hiver
dans un profond sommeil. Sur une grande
partie de la terre, il n'a donc pu se dé-
velopper que des êtres organiques, capa-
bles de supporter une diminution considérable de calorique, ou une longue interruption des fonctions vitales. Aussi, plus
on approche des tropiques, plus la variété,
la grace des formes et le mélange des
couleurs augmentent, ainsi que la jeunesse
et la vigueur éternelles de la vie organique.

Ces faits peuvent être niés par ceux qui
n'ont jamais quitté l'Europe, ou qui ont

négligé l'étude de la géographie physique.
Lorsqu'en sortant de nos forêts de chênes
touffus, on franchit les Alpes ou les Pyrénées pour aller en Italie ou en Espagne, ou
lorsqu'on dirige ses regards sur les côtes
d'Afrique qui bornent la mer Méditerranée, on est aisément induit à tirer la conséquence erronée, que le caractère des
climats chauds est d'être dénués d'arbres.
Mais on oublie que l'Europe méridionale
avait un autre aspect, lorsque les colonies
pélasges ou carthaginoises commencèrent
à y fonder des établissemens : on oublie
qu'une civilisation antique de l'espèce humaine recule les forêts, que l'inquiète acti-
vité des nations prive peu à peu la terre
de cette parure qui, dans les contrées septentrionales, nous réjouit, et qui, plus
que tous les documens historiques, prouve
la jeunesse de notre civilisation. La grande

catastrophe, à laquelle la Méditerranée
doit sa formation, paraît avoir dépouillé
les contrées voisines d'une grande partie
de leur terre végétale, quand cette mer,
qui n'était alors qu'un lac immense, gon-
fla ses eaux et rompit les digues des Dardanelles et des colonnes d'Hercule. Ce que
les écrivains grecs nous ont transmis des
traditions de la Samothrace [8], semble indiquer que l'époque des ravages opérés par
ce grand changement, était moins ancienne que l'existence du genre humain et
sa réunion en société. Dans tous les pays
qui confinent à la Méditerranée, et que
caractérise le calcaire secondaire du Jura,
une partie de la superficie du sol n'est
qu'un rocher nu. La beauté pittoresque de
l'Italie a surtout pour cause le contraste
agréable qu'offrent la roche pelée et inanimée, et, si l'on peut s'exprimer ainsi,

les îles de végétations vigoureuses dissé-
minées sur sa surface. Où cette roche
moins crevassée retient l'eau sur la superficie couverte de terre, comme sur les
bords enchantés du lac d'Albano, l'Italie
a ses forêts de chênes aussi touffues et
aussi vertes que celles qu'on admire dans
le nord de l'Europe.

Les déserts au sud de l'Atlas, et les
plaines immenses ou steppes de l'Amérique méridionale, ne doivent être regardées que comme des phénomènes locaux.
Celles-ci sont, au moins dans la saison des
pluies, couvertes d'herbes et de *mimosa*
très peu élevés et presque herbacés :
ceux-là sont des mers de sable dans l'intérieur de l'ancien continent, de grands
espaces dénués de plantes et entourés de
rivages boisés toujours verts. Quelques

II.   2

palmiers en éventail, épars et isolés, rappellent seuls au voyageur que ces solitudes font partie d'une nature animée. Le
jeu fantastique du mirage, occasioné par
l'effet de la chaleur rayonnante, tantôt
fait voir le pied de ces palmiers flottant
dans l'air, tantôt il répète leur image
renversée dans les couches de l'air mobiles
comme les vagues de la mer ; à l'ouest de
la chaîne péruvienne des Andes, sur les
côtes du grand Océan, nous avons con-
sumé des semaines entières pour traverser de semblables déserts dépourvus d'eau.

L'existence de ces déserts arides, de ces
vastes espaces dénués de végétaux au milieu des contrées enrichies d'une végétation abondante, est un phénomène géognostique auquel on fait peu d'attention, et
qui provient incontestablement d'ancien-

nes révolutions de la nature, soit inondations, soit transformations volcaniques de
l'enveloppe du globe. Dès qu'une région
a perdu les plantes dont elle est couverte,
que le sable est devenu mobile et dénué
de sources, que l'air embrasé et s'élevant
perpendiculairement empêche la précipitation des nuages [9] ; des milliers d'années
s'écouleront avant que, du sein des bords
verdoyans du désert, la vie organique pénètre dans son intérieur.

Celui donc qui sait d'un regard embras-
ser la nature, et faire abstraction des phénomènes locaux, voit, comme depuis le
pôle jusqu'à l'équateur, à mesure que la
chaleur vivifiante augmente, la force organique et la vie augmentent aussi graduellement. Mais dans le cours de cet accroissement, des beautés particulières sont

réservées à chaque zone : aux climats du
tropique , appartiennent la diversité de
forme et la grandeur des végétaux : aux
climats du nord, l'aspect des prairies et le
réveil périodique de la nature aux premiers
souffles de l'air printannier. Outre les avantages qui lui sont propres, chaque zone a
aussi son caractère. Si l'on reconnaît dans
chaque individu organisé une physionomie déterminée ; puisque les descriptions
de botanique et de zoologie, dans le sens
le plus restreint, ne sont que l'anatomie de
la forme des plantes et des animaux ; de
même on peut distinguer une certaine physionomie naturelle qui convient exclusivement à chaque zone.

Ce que le peintre désigne par les expres-
sions de *nature suisse* et de *ciel d'Italie* a
son principe dans le sentiment confus de

ce caractère local de la nature. Le bleu
du ciel, la lumière, les vapeurs qui se reposent dans le lointain, la forme des animaux, la vigueur des végétaux, l'éclat
du feuillage, le contour des montagnes,
tous ces élémens partiels déterminent l'impression que produit l'ensemble d'un paysage. A la vérité, sous toutes les zones,
les mêmes espèces de montagnes forment
des groupes de rochers d'une physionomie
semblable. Les rochers de diabase, de l'A-
mérique-Méridionale et du Mexique ressemblent à ceux des monts Éuganéens,
comme, parmi les animaux, la figure
de l'alco ou de la race primitive du chien
du Nouveau-Continent, répond parfaitement à celle de la race européenne. L'enveloppe inorganique de la terre est à peu
près indépendante de l'influence des climats : soit que la roche ait existé avant

que cette différence s'établît, soit que la
masse de la terre en se durcissant et en dégageant de la chaleur, se soit donnée à elle-
même sa température [10], au lieu de la recevoir du dehors. Ainsi toutes les roches
sont propres à toutes les contrées du monde,
et affectent partout la même forme. Partout le basalte s'élève eń montagnes jumelles, dont la cime est tronquée. Partout
le porphyre trappéen paraît en masses bi-
zarrement disposées, et le granit en sommets doucement arrondis. Ainsi des espèces
semblables de plantes, telles que les pins
et les chênes, couronnent également les
montagnes de la Suède et celles de la partie la plus méridionale du Mexique [11]; cependant malgré cette correspondance de
forme et cette similitude des contours partiels, l'ensemble de leurs groupes, présente un caractère entièrement différent.

La connaissance des fossiles ne diffère pas plus de la géognosie que la description individuelle des objets naturels ne diffère de la description générale ou de la physiognomonie de la nature. Georges Forster, dans ses voyages et dans ses œuvres diverses, Gœthe, dans les tableaux que présentent plusieurs de ses immortels ouvrages, Herder, Buffon, Bernardin de St.-Pierre et Châteaubriand ont tracé, avec une vérité inimitable, le caractère de quelques zones partielles. Mais de telles peintures ne sont pas seulement propres à procurer à l'esprit une jouissance du genre le plus noble : la connaissance du caractère de la nature dans différentes régions, est liée de la manière la plus intime à l'histoire du genre humain et à celle de sa civilisation. Car, si le commencement de cette civilisation n'est pas déterminé uni-

quement par des rapports physiques , au
moins sa direction , le caractère des peuples et les dispositions gaies ou sérieuses
des hommes , dépendent presque entièrement de l'influence du climat. Combien
puissamment le ciel de la Grèce n'a-t-il pas
agi sur ses habitans ? Comment les peuples
établis dans les belles et heureuses régions
qu'enferment l'Oxus , le Tigre et la mer
Egée , ne se seraient-ils pas élevés les premiers à l'aménité des mœurs , et à la déli-
catesse des sentimens ? Nos ancêtres ne rap-
portèrent-ils pas des mœurs plus douces
de ces vallées délicieuses , lorsqu'à l'Europe , retombée dans la barbarie , l'enthousiasme religieux ouvrit tout à coup
l'orient sacré. Les compositions poétiques
des Grecs , et les chants rudes des peuples
primitifs du nord , doivent presque tout
leur caractère à la configuration des ani-

maux et des plantes que voyait le poète,
aux vallées qui l'entouraient, à l'air qu'il
respirait. Et pour rappeler des objets plus
rapprochés de nous, qui ne se sent diffé-
remment disposé à l'ombre épaisse des hêtres, sur les collines couronnées de sapins
épars, enfin sur la pelouse, où le zéphire
murmure dans les feuilles tremblantes du
bouleau ! La figure de ces plantes de notre
pays rappelle souvent en nous des images
gaies, sérieuses ou mélancoliques. L'influence du monde physique sur le moral,
cette action réciproque et mystérieuse du
matériel et de l'immatériel, donnent à l'é-
tude de la nature, quand on la contemple
d'un point de vue élevé, un attrait particulier encore trop peu connu.

Mais si le caractère des différens pays
dépend de toutes les apparences extérieu·

res, si le contour des montagnes, si la
physionomie des plantes et des animaux,
si le bleu du ciel, la proportion des nuages, et la transparence de l'air, influent
sur l'impression que produit l'ensemble;
on ne peut nier que la cause principale de
cette impression ne soit dans la masse des
plantes. Les espèces animales sont trop
éparses, et la mobilité des individus les
dérobe trop souvent à nos regards. Les
végétaux au contraire agissent sur notre
imagination, par leur immobilité et leur
grandeur. Leur masse indique leur âge,
et c'est dans les végétaux seuls que s'unit
à l'âge l'expression d'une force qui se re-
nouvelle sans cesse. Le dragonnier [12] gigantesque que j'ai vu dans les îles Canaries, a seize pieds de diamètre, et jouissant
d'une jeunesse perpétuelle, il porte encore
des fleurs et des fruits. Lorsque les Be-

thencours, aventuriers français, firent au
seizième siècle la conquête des îles Fortunées, le dragonnier d'Orotava, aussi sacré
pour les naturels des îles que l'olivier de
la citadelle d'Athènes ou que l'orme d'E-
phèse, était d'une dimension aussi colossale
qu'aujourd'hui. Dans la zone torride, une
forêt de cœsalpinia et d'hymenea est peut-
être un monument d'un millier d'années.

Si l'on embrasse d'un regard les différentes espèces de plantes, qui sont déja [15]
connues, et dont le nombre est évalué par
De Candolle à plus de 56,000, on reconnaît, dans cette quantité prodigieuse, un
petit nombre de formes principales, auxquelles on peut ramener toutes les autres.
Pour déterminer ces formes, dont la
beauté individuelle, l'isolement ou le ras-
semblement en groupes constitue la phy-

sionomie de la végétation d'une contrée,
il ne faut pas suivre la marche des systèmes de botanique où, par d'autres motifs,
on ne considère que les plus petites parties
des fleurs et des fruits ; il faut au contraire
envisager uniquement ce qui, par ses
masses, imprime un caractère particulier
à la physionomie d'une contrée. Parmi
ces formes principales des végétaux, il en
est qui peuvent se rattacher aux familles
des systèmes naturels, où par exemple,
les bananiers et les palmiers sont aussi
placés isolément. Mais le botaniste systè-
matique divise un grand nombre de groupes que le botaniste physionomiste se voit·
obligé de réunir. Aux yeux de celui-ci,
quand les végétaux se présentent en masses, les contours et la disposition partielle
des feuilles, la forme des troncs et des
branches se fondent ensemble. Ainsi le

peintre, et c'est surtout ici que la décision
appartient au sentiment délicat et naturel
de l'artiste; le peintre saura sur le plan
moyen et dans le fonds d'un paysage, distinguer des hêtres, les sapins et les palmiers; mais il ne pourra différencier les
ormes des autres arbres analogues.

Seize différentes formes de végétaux
déterminent principalement la physionomie de la nature. Je ne fais mention que
de celles que j'ai observées dans mes voyages dans les deux hémisphères et en examinant avec attention pendant bien des
années les végétaux des régions comprises
entre le cinquante-cinquième parallèle boréal, et le douzième parallèle austral. Certainement le nombre de ces formes s'ac-
croîtra considérablement lorsque l'on aura
pénétré plus avant dans l'intérieur des

continents, et qu'on y aura découvert de
nouveaux genres de plantes. Les végétaux de la partie sud-est de l'Asie, de l'intérieur de l'Afrique, de la Nouvelle-Hollande, de l'Amérique du sud, depuis le
fleuve des Amazones jusqu'aux montagnes
de Chiquitos, nous sont entièrement in-
connus. Ne pourrait-on pas découvrir un
pays où les champignons ligneux, par
exemple les clavaria ou bien les mousses,
formeraient les arbres ? Le nekera den-
droïdes, espèce de mousse européenne,
est réellement arborescente ; et les fougères de la zone torride, souvent plus
élevées que nos tilleuis et nos aulnes, offrent encore aujourd'hui à l'Européen un
aspect aussi surprenant que le paraîtrait
celui d'une forêt de hautes mousses à qui-
conque la verrait pour la première fois.
La grandeur et le développement des or-

ganes dépendent d'un climat qui les favo-
rise. La forme étroite et élancée de nos
lézards s'étend dans le sud jusqu'à celle de
ces terribles crocodiles dont le corps est
colossal et cuirassé. Dans le tigre, le lion,
le jaguar et autres grandes espèces du
même genre, vivant en Afrique et en
Amérique, on trouve répétée la forme
du chat, l'un de nos animaux domestiques
les plus petits. Si nous pénétrons dans l'intérieur de la terre, si nous fouillons les
tombeaux des plantes et des animaux,
les pétrifications ne nous annoncent pas
seulement une distribution des formes,
qui se trouve en contradiction avec celles
des climats actuels; elles nous montrent
aussi des configurations gigantesques, qui
ne contrastent pas moins avec les petites
dimensions dont nous sommes entourés
aujourd'hui, que l'héroïsme simple des

Grecs avec le caractère de grandeur des
temps modernes. La température de notre
planète a-t-elle subi des changemens considérables, et qui reviendront périodiquement? La proportion entre la mer et la
hauteur de l'océan aérien, aussi bien que
sa pression, ¹⁴ n'ont-elles pas toujours été
les mêmes? Dans cette hypothèse, la physionomie de la nature, la dimension et la
forme des organes ont dû être soumises
à de nombreuses modifications. Dans l'im-
puissance de peindre complètement cette
physionomie des états successifs de notre
planète vieillissante, d'après ses traits actuels, je ne hasarderai de tracer que les caractères qui conviennent principalement à
chaque groupe de végétaux. Quelque riche
et souple que puisse être une langue, c'est
une entreprise difficile de retracer avec
des mots ce qui n'appartient qu'à l'art imi-

tatif du peintre. Puissé-je aussi éviter la
fatigue que doit produire inévitablement
sur le lecteur l'énumération répétée de
chaque forme partielle.

Nous commencerons par les palmiers[15] :
entre tous les végétaux, ils ont la forme
la plus élevée et la plus noble ; c'est à elle
que les peuples ont adjugé le prix de la
beauté ; c'est au milieu de la région des
palmes de l'Asie, ou dans les contrées les
plus voisines, que s'est opérée la première
civilisation des hommes. Leurs tiges,
hautes, élancées, annelées, quelquefois
garnies de piquans, sont terminées par un
feuillage luisant, tantôt pinné, tantôt disposé en éventail. Les feuilles sont fréquemment frisées comme celles de quelques graminées. Le tronc lisse atteint souvent une hauteur de cent quatre-vingts

II.   3

pieds. La grandeur et la beauté des palmiers diminuent à mesure qu'ils s'éloignent de l'équateur pour se rapprocher des zones tempérées. L'Europe, parmi ses végétaux indigènes, n'en a qu'un seul qui représente cette forme; c'est un palmier habitant des côtes, de stature naine, le palmite (*chamærops humilis*), qui croît en Espagne et en Italie, et qu'on trouve jusqu'au quarante-quatrième parallèle boréal. Le véritable climat des palmiers, est celui dont la température moyenne annuelle, se soutient entre 19 et 20 degrés. Mais le dattier qu'on nous a apporté d'Afrique et dont la beauté est moindre que celle de la plupart des genres de ce groupe, croît encore dans des contrées de l'Europe méridionale, où la chaleur moyenne est de 13 à 14 degrés. Des troncs de palmier et des squelettes d'élé-

phans, sont ensevelis dans les entrailles
de la terre, dans le nord de l'Europe ; la
position où on les trouve, rend assez vraisemblable qu'ils n'ont pas été entraînés par
les courans, depuis les tropiques jusqu'au
septentrion; mais que dans les grandes
révolutions de notre planète, les climats,
ainsi que la physionomie qu'ils donnent à
la nature, ont subi de nombreuses modifications.

Dans toutes les parties du monde, la
forme des palmiers est accompagnée de
celle des bananiers; les scitaminées des
botanistes (l'*heliconia*, l'*amomum*, le *stre-
litzia*); leur tige, plus basse, mais plus
succulente, est presque herbacée et cou-
ronnée de feuilles d'une contexture mince
et lâche, avec des nervures délicates et
luisantes comme de la soie. Les bosquets

de bananiers sont la parure des cantons
humides. C'est dans leurs fruits que repose
la subsistance de tous les habitans de la
zone torride ; de même que les céréales
farineuses du nord , les bananiers ont suivi
l'homme dès l'enfance de sa civilisation [16].
Les fables de l'Asie placent la demeure
primitive de ce végétal nourrissant des régions équinoxiales sur les bords de l'Euphrate , ou au pied des monts Himalaya
dans l'Inde. Les fables grecques nomment
les campagnes d'Enna comme la patrie
fortunée des céréales. Si les champs vastes
et monotones que couvrent les céréales
répandues par la culture dans les parties septentrionales de la terre , embellissent peu l'aspect de la nature , l'habitant des tropiques , au contraire , en
s'établissant, multiplie , par les plantations de bananiers , une des formes de

végétaux les plus nobles et les plus magnifiques.

La forme des malvacées[17], telles que
les *sterculia*, les *hibiscus*, les *lavatera* et
les *ochroma*, présente des troncs assez
courts, mais d'une grosseur monstrueuse :
des feuilles lanugineuses, grandes, cor-
diformes, souvent découpées; des fleurs
superbes, et assez généralement d'un
rouge pourpré. C'est à ce groupe de végétaux qu'appartient le baobab ou pain de
singe (*adansonia digitata*), dont le tronc
a douze pieds de haut et trente pieds de
diamètre, et qui est probablement le plus
grand et le plus ancien des monumens
organiques de notre planète. Dès l'Italie,
la forme des grandes malvacées commence
à donner à la végétation un caractère
propre aux contrées méridionales.

Notre zone tempérée est entièrement
privée, dans l'ancien continent, de ces
feuilles si délicatement pinnées, auxquelles on reconnaît la forme des *mi-
mosa*[18] ; tels sont le *gleditsia*, le *porleria*,
le tamarin. Cette belle forme ne manque
pas aux Etats-Unis d'Amérique, où, à
une latitude semblable, la végétation est
plus variée et plus vigoureuse qu'en Europe. Le déploiement des rameaux en parasol, pareil à celui du pin pignon d'Italie,
est assez général dans les *mimosa*. Le bleu
foncé du ciel de la zone torride, qu'on
aperçoit à travers leur feuillage délicatement pinné, est d'un effet extrêmement
pittoresque.

Un groupe de végétaux qui appartient
presque entièrement à l'Afrique, est celui
des *éricées*[19] ou bruyères, auquel se lient

les *passerina*, les *andromeda*, le *gnidium*, le *diosma*, le *staavia* et les *épacridées* ; il a quelque ressemblance avec les arbres résineux, à feuilles acéreuses, et contraste avec eux d'autant plus agréablement par l'abondance de ses fleurs en grelot. Les bruyères arborescentes atteignent, ainsi que d'autres végétaux africains, les rives du bassin de la mer Méditerranée. Elles parent l'Italie et les buissons de cistes de l'Espagne méridionale. C'est dans les îles d'Afrique, sur la pente du pic de Teyde que je les ai vues croître avec le plus de force. Dans les contrées voisines de la mer Baltique et plus au nord, cette famille est redoutée comme annonçant l'aridité et la stérilité. Les éricées de ces pays, la bruyère ordinaire et la bruyère tetralix, sont des plantes vivant en société. Depuis des siècles les peuples agriculteurs com-

battent avec peu de succès contre la marche progressive de leurs phalanges. Il est
assez singulier que le genre qui a donné
son nom à cette forme, ne se trouve que
sur un des côtés de notre planète. Parmi
les trois cents espèces de bruyère, connues
jusqu'à présent, on n'en rencontre pas une
seule dans le nouveau continent, depuis
la Pennsylvanie et le Labrador jusqu'à
Noutka et Alachka.

La forme des *cactus*[20], au contraire,
se montre presque exclusivement en Amérique. Elle est tantôt sphérique, tantôt
articulée; tantôt elle s'élève comme des
tuyaux d'orgues, en longues colonnes
cannelées. Ce groupe forme, par son extérieur, le contraste le plus frappant avec
celui des liliacées et des bananiers. Il fait
partie des plantes que M. Bernardin de

Saint-Pierre a si heureusement nommées
les *sources végétales des déserts*. Dans les
plaines dénuées d'eau de l'Amérique du
sud, les animaux tourmentés par la soif,
cherchent le melocactus, végétal sphérique à moitié caché dans le sable, enveloppé de piquans redoutables, et dont l'intérieur abonde en sucs rafraîchissans. Les
tiges de cactus en colonnes parviennent
jusqu'à trente pieds de hauteur et forment
des espèces de candélabres; leur physionomie a une ressemblance frappante avec
celle de quelques euphorbes d'Afrique.

Tandis que les euphorbes forment des
oasis dispersées dans le désert privé de végétation, les orchidées, sous la zone torride [21] animent les fentes des rochers les
plus sauvages, et les troncs des arbres
noircis par l'excès de la chaleur La forme

des vanilles se fait remarquer par des
feuilles d'un vert clair, remplies de suc,
et par des fleurs de couleurs bariolées et
d'une structure singulière. Ces fleurs ressemblent à un insecte ailé, ou à cet oiseau
si petit qu'attire le parfum des nectaires.
La vie d'un peintre ne suffirait pas pour
retracer toutes ces orchidées magnifiques
qui ornent les vallées profondément sil-
lonnées des Andes du Pérou.

Les casuarinées[25] qu'on ne trouve que
dans les Indes orientales et les îles du
grand Océan, sont dénuées de feuilles,
comme la plupart des cactus : ce sont des
arbres dont les branches sont articulées
comme celles des prêles. Cependant on
trouve dans d'autres parties du monde des
traces de ce type, plus singulier qu'il n'est
beau. L'*equisetum altissimum* de Plumier,

l'*ephedra* du nord de l'Afrique, le *colletia* du Pérou, et le *calligonum pallasia* de Sibérie, approchent beaucoup de la forme des casuarinées.

C'est dans les bananiers que le paren-chyme est le plus prolongé ; c'est au con-traire dans les casuarinées et les arbres résineux [25] qu'il est le plus rétréci. Les pins, les thuya, les cyprès appartiennent à une forme septentrionale qui est peu commune dans la zone torride. Leur ver-dure continuelle et toujours fraîche, égaie les paysages attristés par l'hiver, et an-nonce en même temps aux peuples voisins des pôles que, lors même que la neige et les frimas couvrent la terre, la vie inté-rieure des plantes, semblable au feu de Prométhée, ne s'éteint jamais sur notre planète.

Les mousses et les lichens dans nos climats, les aroides sous les tropiques [24] sont
parasites, aussi bien que les orchidées, et
revêtissent les troncs des arbres vieillis-
sans. Ils ont des tiges charnues et herba-
cées, des feuilles sagittées, digitées ou
alongées, mais toujours avec des veines
très grosses ; les fleurs sont renfermées
dans des spathes. Les principaux genres
sont, le *pothos*, le *dracontium*, l'*arum*.
Ce dernier manque dans le nord; mais en
Espagne et en Italie, sa présence, celle
des tussilages pleins de suc, des chardons
presque arborescens et des acanthes, indiquent la force de la végétation du midi.

A cette forme des *arum* se joint celle
des lianes [25]; toutes deux d'une vigueur
remarquable dans les contrées les plus
chaudes de l'Amérique méridionale. Telles

sont les *paullinia*, les *banisteria* et les *bi-gnonia*. Notre houblon sarmenteux et nos vignes peuvent nous donner une idée de l'élégance des formes de ces groupes. Sur les bords de l'Orénoque, les branches sans feuilles des *bauhinia*, ont souvent quarante pieds de long. Quelquefois elles tombent perpendiculairement de la cime élevée des acajous (*swietenia*); quelquefois elles sont tendues en diagonale d'un arbre à l'autre comme les cordages d'un navire. Les chats-tigres y grimpent et y descendent avec une adresse admirable.

La forme roide des aloès [26] bleuâtres, contraste avec la forme souple des lianes sarmenteuses d'un vert frais et léger. Leurs tiges, quand ils en ont, sont la plupart sans divisions, à nœuds rapprochés, tordues sur elles-mêmes, comme des ser-

pens, et couronnées à leur sommet de
feuilles succulentes, charnues, terminées
par une longue pointe, et disposées en
rayons serrés. Les aloès à tige haute ne
forment pas des groupes comme les végétaux qui aiment à vivre en société. Ils
croissent isolés dans des plaines arides, et
donnent par là aux régions équinoxiales un
caractère particulier de mélancolie, j'ose-
rais presque dire, africain.

Une roideur et une immobilité triste,
caractérisent la forme des aloès; une légèreté riante et une souplesse mobile, distinguent les graminées [27], et en particulier la physionomie de celles qui sont
arborescentes. Les bosquets de bambous
forment, dans les deux Indes, des allées
ombragées. La tige lisse, souvent re-
courbée et flottante, des graminées des

tropiques, surpasse en hauteur celle de
nos aulnes et de nos chênes. Dès l'Italie,
cette forme commence dans l'*arundo
donax* à s'élever de terre, et à déterminer
le caractère naturel du pays, par sa taille
et sa masse.

La forme des fougères [18] ne s'ennoblit
pas moins que celle des graminées, dans
les contrées chaudes de la terre; les fougères arborescentes, souvent hautes de
trente-cinq pieds, ressemblent à des palmiers, mais leur tronc est moins élancé,
plus raccourci et très raboteux. Leur
feuillage, plus délicat, d'une contexture
plus lâche, est transparent, et légèrement
dentelé sur les bords. Ces fougères gigantesques sont presque exclusivement indigènes de la zone torride; mais elles y
préfèrent à l'extrême chaleur un climat

moins ardent. L'abaissement de la température étant une conséquence de l'élévation du sol , on peut considérer comme le
séjour principal de cette forme les montagnes élevées de 2,000 à 3,000 pieds
au-dessus du niveau de la mer. Les fougères à hautes tiges accompagnent dans
l'Amérique méridionale l'arbre bienfaisant dont l'écorce guérit la fièvre. La
présence de ces deux végétaux indique
l'heureuse région où règne continuellement la douceur du printemps.

Je ne puis passer sous silence la forme
des liliacées [29] l'*amaryllis* , l'*ixia*, le *gla-
diolus*, le *paneratium* qui ont des feuilles
comme celles des roseaux , et de si belles
fleurs. Le pays où elle se déploie principalement , est le sud de l'Afrique ; je citerai la forme des saules [30] qui se trouve

indigène dans toutes les parties du monde,
et quand ces végétaux manquent, on la
retrouve dans les mimosa de la Nouvelle-
Hollande à feuilles simples, et dans quelques protées du Cap. On peut encore nommer les myrtées [31] auxquelles se joignent
les metrosidęros, les eucalyptus, et les
escalonia; enfin les melastomées [32] et les
laurinées [33]

Ce serait une entreprise digne d'un
grand artiste, d'étudier le caractère de
tous ces différens groupes de végétaux,
sous la zone torride même, et non dans
les serres chaudes, ou dans les descriptions des botanistes.

Qu'il serait intéressant et instructif
pour le peintre de paysages, l'ouvrage
qui représenterait les seize formes princi-

pales de végétaux, d'abord isolées, puis
en contraste les unes avec les autres. Quoi
de plus pittoresque que les fougères arborescentes, qui, au Mexique, étendent
leurs feuilles d'un tissu léger, au-dessus
des chênes à feuille de laurier? Quoi de
plus charmant qu'un massif de bananiers
ombragé par des bambous? C'est à l'artiste qu'il appartient d'anatomiser ces
groupes eux-mêmes; sous sa main, le
grand tableau de la nature se décomposera
en quelques traits simples; comme dans
les écrits des hommes tous les mots se résolvent en un petit nombre de caractères
simples.

C'est sous les rayons ardens du soleil de
la zone torride que se déploient les
formes les plus majestueuses des végétaux.
De même que dans les frimas du nord

l'écorce des arbres est couverte de lichens
et de mousses, de même entre les tropiques le *cymbidium* et la vanille odorante
animent le tronc de l'*anacardium* et du
figuier gigantesque. La verdure fraîche
des feuilles du *pothos* contraste avec les
fleurs des orchidées, si variées en couleurs. Les *bauhinia* et les grenadilles
grimpantes, les *banisteria* aux fleurs d'un
jaune doré, enlacent le tronc des arbres
des forêts. Des fleurs délicates naissent des
racines du *theobroma*, ainsi que de l'écorce
épaisse et rude du calebassier et du *gustavia* [34]. Au milieu de cette abondance de
fleurs et de fruits, au milieu de cette végétation si riche et de cette confusion de
plantes grimpantes, le naturaliste a souvent de la peine à reconnaître à quelle tige
appartiennent les feuilles et les fleurs. Un
seul arbre orné de *paullinia*, de *bignonia*

et de *dendrobium*, forme un groupe de
végétaux, qui, séparés les uns des autres, couvriraient un espace considérable [55].

Dans la zone torride les plantes sont
plus abondantes en sucs, d'une verdure
plus fraîche, et parées de feuilles plus
grandes et plus brillantes que dans les
climats du nord. Les végétaux qui vivent
en société et qui rendent si monotone l'aspect des campagnes de l'Europe, manquent presque entièrement dans les régions équatoriales. Des arbres deux fois
aussi élevés que nos chênes, s'y parent de
fleurs aussi grandes et aussi belles que nos
lys. Sur les bords ombragés du Rio Magdalèna, dans l'Amérique méridionale,
croît une aristoloche grimpante dont les
fleurs ont quatre pieds de circonférence.

Les enfans s'amusent à s'en couvrir la
tête. Dans le grand archipel de l'Asie méridionale, la fleur du Rafflesia a près de
trois pieds de diamètre et pèse quatorze
livres [36].

La hauteur prodigieuse à laquelle s'élèvent sous les tropiques, non-seulement des
montagnes isolées, mais même des contrées entières, et la température froide de
cette élévation, procurent aux habitans
de la zone torride un coup d'œil extraordinaire. Indépendamment des groupes de palmiers et de bananiers, ils ont aussi autour
d'eux des formes de végétaux qui semblent
n'appartenir qu'aux régions du nord. Des
cyprès, des sapins et des chênes, des épi-
nes-vinettes et des aulnes qui se rapprochent beaucoup des nôtres, couvrent les
cantons montueux du sud du Mexique,

ainsi que la chaîne des Andes sous l'équateur. Dans ces régions, la nature per-
met à l'homme de voir, sans quitter le sol
natal, toutes les formes de végétaux répandues sur la surface de la terre; et la
voûte du ciel qui se déploie d'un pôle à
l'autre [37], ne lui cache aucun des mondes
resplendissans.

Ces jouissances naturelles et une infinité
d'autres, manquent aux peuples du nord.
Plusieurs constellations et plusieurs formes
de végétaux, surtout les plus belles, celles
des palmiers et des bananiers, les graminées arborescentes et les mimosa dont le
feuillage est si finement découpé, leur restent inconnues pour toujours. Les individus languissans que renferment nos serres
chaudes, ne peuvent donner qu'une faible
image de la majesté de la végétation de la

zone torride. Mais le perfectionnement
de nos langues, la verve brûlante des
poëtes, et l'art imitateur des peintres nous
ouvrent une source abondante de dédom-
magemens. Notre imagination y puise les
images vivantes d'une nature exotique.
Sous le climat rigoureux du nord, au milieu de la bruyère déserte, l'homme solitaire peut s'approprier ce que l'on a découvert dans les régions les plus éloignées, et
se créer ainsi dans son intérieur un monde,
qui, ouvrage de son génie, est comme lui,
libre et impérissable.

ÉCLAIRCISSEMENS

ET

ADDITIONS.

ÉCLAIRCISSEMENS

ET

ADDITIONS

[1] Sur le Chimborazo, près de deux fois plus élevé que l'Etna, p. 4.

Lorsque les tempêtes viennent de la terre, on rencontre sur mer, à de grandes distances des côtes, de petits oiseaux et même des papillons, comme j'ai eu plusieurs fois l'occasion de l'observer sur le grand Océan. C'est de même contre leur gré que les insectes arrivent à 15,000 ou 18,000

pieds au-dessus des plaines, dans la région
la plus élevée de l'air. L'enveloppe échauffée de la terre occasione un courant perpendiculaire, par lequel les corps légers
sont poussés en haut. M. Boussingault, excellent chimiste, qui en qualité de professeur à l'école des mines, récemment fondée à Santa Fé de Bogota, a gravi sur les
montagnes de gneiss de Caracas, a été,
ainsi que son compagnon don Marieno de
Rivero, témoin dans son voyage au sommet de la Silla, d'un phénomène qui con-
firme d'une manière remarquable l'existence d'un courant perpendiculaire de l'air;
il vit à midi des corps blanchâtres et luisans, qui de la vallée de Caracas s'élevè-
rent jusqu'au sommet de la Silla, haut de
5,400 pieds, puis s'abaissèrent le long de
ses flancs près de la côte maritime. Ce jeu
dura sans interruption pendant une heure.

Les deux observateurs crurent d'abord
que les objets qu'ils apercevaient étaient
des troupes de petits oiseaux ; ils se trom-
paient, ils reconnurent bientôt que c'é-
taient des petites balles de brins de paille
qui s'étaient réunis. M. Boussingault m'a
envoyé quelques-uns de ces brins de
paille, que M. Kunth a jugé appartenir
à une espèce de *vilsa*, genre de graminée
qui se rencontre très fréquemment avec
l'agrostis dans les provinces de Caracas
et Cumana. Saussure trouva des papillons sur le Mont-Blanc. Ramond en
aperçut dans les solitudes qui entourent
la cime du Mont-Perdu. Le 23 juin
1802, jour où avec MM. Bonpland et
Montufar, je parvins sur la pente orientale du Chimborazo à une hauteur de
3,016 toises, ou 5,879 mètres, hauteur à
laquelle le baromètre descendit à treize

pouces onze lignes deux dixièmes de ligne, nous vîmes quelques insectes ailés
qui bourdonnaient autour de nous. Nous
reconnûmes que c'étaient des diptères
ressemblant à des mouches. Mais sur une
arrête de rocher (cuchilla) qui avait à
peine six pouces de largeur, entre des
amas escarpés de neige, il était impossible d'attraper ces insectes. L'élévation
à laquelle nous les aperçûmes était à
peu près celle où des rochers nus de
trachyte, perçant des neiges éternelles,
offraient à nos yeux la dernière trace
de végétation, dans le *lecidea geographica**. Ces insectes voltigeaient à environ 2,850 toises de haut, c'est-à-dire

---

* Le grand lichen des Alpes, ou *lichen geogra-
phicus*, n'est réellement qu'une variété du *lecidea
atro-virens* d'Acharius.

à 2,400 pieds au-dessus de la cime du
Mont-Blanc. Un peu plus bas , à 2,600
toises, par conséquent bien au-delà de
la région des neiges , M. Bonpland avait
vu des papillons jaunâtres voltiger terre
à terre.

D'après mes mesures , la hauteur perpendiculaire du Chimborazo est de 3,350
toises*. Ce résultat tient le milieu entre
ceux qu'ont donnés les académiciens français et espagnols. Cette diversité n'a point
son principe dans la différence des mé-
thodes employées pour apprécier l'effet de
la réfraction, mais bien dans le mode de
réduction des bases mesurées au niveau de
la mer.

* *Recueil d'observations astronomiques*, T. I, Introduction , p. lxxij.

Dans les Andes, cette réduction ne peut
se faire que par le baromètre, par conséquent chaque mesure trigonométrique en
est en même temps une barométrique,
dont le résultat est différent, d'après le
terme primitif des formules employées.
Dans les chaînes de montagnes d'une dimension énorme, on n'obtient que de très
petits angles de hauteur, quand on veut
déterminer trigonométriquement la plus
grande partie de toute la hauteur, et qu'on
établit la mesure sur un point bas et éloigné, soit dans la plaine ou au niveau de
la mer. Dans les montagnes élevées, il
n'est pas seulement difficile de trouver
une base commode, mais la partie de la
hauteur à déterminer barométriquement
croît à chaque pas que l'on fait en s'appro-
chant de la montagne. C'est de pareils
obstacles que doit surmonter le voyageur,

qui, dans les plaines élevées, dont le sommet des Andes est entouré, choisit le point où il doit faire ses opérations géodésiques. Je mesurai le Chimborazo dans la plaine de Tapia couverte de pierres ponces. Elle est à l'ouest du Rio-Chambo, et son élévation déterminée par le baromètre est de 1,482 toises. Les llanos de Luisa et surtout la plaine de Sisgun, élevée de 1,900 toises, donneraient de plus grands angles de hauteur. J'avais tout disposé dans cette dernière pour prendre les mesures, lorsque la cime du Chimborazo se voila d'un nuage épais.

Le savant qui fait des recherches sur les langues verra peut-être avec plaisir quelques conjectures sur l'étymologie du nom de ce Chimborazo si célèbre. Le corregi-

mento, ou district où se trouve le Chimborazo, s'appelle Chimbo. La Condamine *
dérive Chimbo de *Chimpani*, traverser une
rivière. Suivant lui, Chimbo-Raço signifie
la *neige de l'autre bord*, parce qu'au village de Chimbo, en vue de l'énorme montagne couverte de neiges, on passe un
ruisseau. Plusieurs naturels de la province de Quito m'ont assuré que Chimborazo signifiait simplement la neige de
Chimbo. On trouve la même terminaison
dans *Carguai-Razo*. Mais *Razo* paraît
être un mot de dialecte provincial. Le jé-
suite Holguin, dont je possède l'excellent
dictionnaire de la *lengua Qquichua ó*
lengua general del Peru, imprimé à
Lima, ne connaît nullement le mot *razo*.
Le véritable nom de la neige est *ritti*.

---

* *Voyage à l'Equateur*, p. 184.

Peut-être razo ou rasso, a-t-il quelque
analogie avec *casso* glace, que l'on retrouve dans le nom d'un lieu appelé Cas-
samarca, limite de la glace * : *racou* désigne un objet très grand et très fort ; dans
la langue ynca moderne, *o* et *ou* sont perpétuellement confondus. Au reste, quelle
que puisse être l'étymologie de Chimborazo, il faudrait, dans tous les cas, écrire
Chimporazo, car, comme on le sait, les
Péruviens ne connaissent pas la lettre *b*.
Mais le nom de cette montagne gigantesque n'avait peut-être rien de commun
avec la langue ynca, et tirait son origine
de l'antiquité la plus reculée. En effet, la
langue ynca ou quichua n'avait été introduite dans le royaume de Quito que peu

---

* Garcilasso *Historia general del Peru*, 1722
T. II, p. 43.

de temps avant l'invasion des Espagnols ;
la langue dominante auparavant était le
pourouay, aujourd'hui entièrement éteint.
D'autres noms de montagne, tels que Pichincha, Ilinissa et Cotopaxi, n'ont aucune signification dans la langue ynca, et
sont par conséquent plus anciens que le
culte du soleil et la langue de cour intro-
duits par les dominateurs de Cuzco.

Dans tous les pays du monde les noms
de montagnes et de rivières appartiennent
aux monumens les plus anciens et les plus
certains des langues. Mon frère, Guil-
laume de Humboldt, a, dans ses recherches sur l'ancienne étendue des peuples Ibé-
riques, fait un usage heureux de ces noms.

Quand je revins d'Amérique en Europe,
les sommets de l'Himalaya n'avaient été

encore mesurés que très imparfaitement.
Depuis cette époque, le Chimborazo a
perdu le premier rang qu'il tenait alors
parmi les montagnes.

Des mesures exactes exécutées par des
voyageurs anglais ont fait voir que le
Djevahir ou Sourkandra a 4,026 toises de
hauteur, et le Dhevalaghiri (Mont-Blanc)
4,390. Le Djevahir (30° 22′, 19′ lat.,
79° 57′ long. à l'est de Greenwich) a
été mesuré par Webb, Hodgson et Herbert. Le Dhevalaghiri (30° 40′ lat., 82°
40′ long. à l'est de Greenwich) l'a été par
Webb et Blake, par une méthode moins
rigoureuse, mais qui cependant inspire
beaucoup de confiance *.

---

* *Asiatick Researches*, T. XIV, p. 311.

Si l'on compare entre eux les plus
hauts sommets des Pyrénées, des Alpes, des Andes et de l'Himalaya, on
trouve que la différence de hauteur est
de 563, 900 et 1040 toises. En plaçant le
col du Saint-Gothard, ou le passage du
mont Cenis, sur la cime du Chimborazo,
on obtient l'élévation qu'aujourd'hui on
attribue généralement au Dhevalaghiri
dans l'Himalaya.

Le geognoste, qui s'élève à de hautes
considérations sur l'intérieur du globe,
regarde les côtes de rochers, que nous ap-
pelons des montagnes, comme un phénomène si chétif et si petit, qu'il ne sera pas
surpris si un jour on découvre entre
l'Himalaya et l'Altaï d'autres cimes de
montagnes, qui surpasseront, autant en
élévation le Dhevalaghiri et le Djeva-

hir, que ceux-ci surpassent le Chimborazo *.

La grande hauteur à laquelle la réflexion de la chaleur des plaines, des
montagnes de l'Asie intérieure élève en
été, les limites des neiges sur la pente
septentrionale de l'Himalaya, fait que
malgré la latitude de ces contrées, qui
est entre 29° et 30° degrés, les montagnes y
sont aussi accessibles que les Andes du
Pérou dans la région équinoxiale. Récemment le capitaine Gérard s'est élevé sur
le Tatchigang aussi haut, et peut-être
à 118 pieds anglais plus haut que je ne
suis allé sur le Chimborazo, ainsi qu'on

---

* Voyez mes *Vues des cordillères et monumens
des peuples indigènes de l'Amérique*, Tom. II,
p. 276.

le prétend dans le livre intitulé *Critical Researches*, ou *Philology and Geographia*, 1824 (p. 144). Malheureusement, ainsi que je l'ai exposé ailleurs dans le plus grand détail, ces voyages dans les montagnes au-delà de la limite des neiges perpétuelles, quoiqu'ils aient beaucoup d'attraits pour la curiosité publique, n'ont qu'une bien faible utilité pour les sciences.

Le condor, ce géant des vautours, p. 5.

J'ai donné ailleurs l'histoire naturelle du Condour ou Condor (*Vultur gryphus*). Voyez mon *Recueil d'observations de zoologie et d'anatomie comparée*, p. 62.

Après le condor, le læmmergeier de la Suisse et le *falco destructor* de Daudin,

probablement le même que le *falco har-*
pya de Linné, sont les plus gros oiseaux
volans.

La région que l'on peut regarder comme le séjour habituel de cet oiseau, commence à une hauteur égale à celle de
l'Etna, et comprend des couches d'air
élevées de 1,600 à 3,000 toises au-
dessus du niveau de la mer. Les plus
grands individus que l'on trouve dans la
chaîne des Andes de Quito, ont quatorze
pieds d'envergure, et les plus petits huit
pieds seulement. D'après ces dimensions,
et d'après l'angle visuel sous lequel cet
oiseau paraissait quelquefois perpendiculairement au-dessus de nos têtes, on peut
juger à quelle hauteur prodigieuse il s'é-
lève quand le ciel est serein. Vu, par
exemple, sous un angle visuel de quatre

minutes, il devait être à un éloignement perpendiculaire de 1,146 toises.
La caverne (machay) d'Antisana, située
vis à vis la montagne de Chussulongo,
et de laquelle nous mesurâmes l'oiseau
planant, est élevée de 2,493 toises au-
dessus du niveau du grand Océan. Ainsi
la hauteur absolue que le condor attei-
gnait, était de 3,639 toises ; là , le
baromètre se soutient à peine à douze
pouces. C'est un phénomène physiolo-
gique assez remarquable, que ce même
oiseau qui, pendant des heures entières, vole en tournant dans des régions
où l'air est si raréfié, s'abatte tout
d'un coup jusqu'au bord de la mer ,
comme le long de la pente occidentale du volcan de Pichincha, et ainsi
en peu d'instans parcourre en quelque
sorte tous les climats. A une hauteur

de 3,600 toises, les sacs aériens et mem-
braneux du condor qui se sont remplis
dans les régions plus   basses , doivent
s'enfler d'une manière extraordinaire.
Il y a soixante ans qu'Ulloa expri-
ma son étonnement de ce que le vautour
des Andes pouvait voler à une hauteur où
la pression de l'air n'était que de 14 pouces *. On croyait alors, d'après l'analogie
des expériences faites avec la machine
pneumatique, qu'aucun animal ne pouvait vivre dans un milieu si rare. J'ai vu,
comme je l'ai dit, le baromètre descendre
sur le Chimborazo à 13 pouces 11 lignes
2 dixièmes. Mon ami, M. Gay-Lussac, a
respiré pendant un quart-d'heure dans un
air dont la pression n'était que de 0′,5288,

---

* *Observations astronomiques* faites par ordre
du roi d'Espagne, p. 109.

A de si grandes hauteurs, l'homme se
trouve en général dans un état asthénique
très pénible. Au contraire, chez le condor
l'acte de la respiration paraît se faire avec
une égale aisance, dans des milieux où la
pression diffère de 12 à 28 pouces. De tous
les êtres vivans, c'est sans doute celui qui
peut à son gré s'éloigner le plus de la superficie de la terre. Je dis à son gré, parce que
de petits insectes sont emportés encore plus
haut par des courans ascendans. Probablement l'élévation que le condor atteint, est
plus considérable que celle que nous avons
trouvée par le calcul cité. Je me souviens
que sur le Cotopaxi, dans la plaine de
Suniguaicu, couverte de pierres ponces
et élevée de 2,263 toises au-dessus du niveau de la mer, j'ai aperçu ce volatile à
une hauteur telle, qu'il ne paraissait que
comme un point noir. Quel est le plus

petit angle * sous lequel on distingue des
objets éclairés faiblement? L'affaiblisse-
ment des rayons de la lumière, par leur
passage à travers les couches de l'air, à
une grande influence sur le minimum de
cet angle. La transparence de l'air des
montagnes est si considérable sous l'équateur, que dans la province de Quito,
comme je l'ai montré ailleurs**, le poncho
ou manteau blanc d'une personne à che-

---

* Il est probablement d'une minute. En 1806,
on vit à Berlin, avec l'œil nu, un ballon aérosta-
tique qui avait 4 toises de diamètre, s'abattre à
une distance de 6,700 toises. Il était alors sous un
angle visuel de 2′ 4″. Mais on l'aurait encore
distingué à une distance plus considérable, malgré
la constitution de notre atmosphère septentrionale.

** Dans mon *Mémoire sur la diminution de la
chaleur, et sur la limite inférieure de la neige
perpétuelle.*

val se distingue à l'œil nu à une distance
horizontale de 14,022 toises, et par conséquent sous un angle de 13 secondes.

⁵ Enchaîne leurs corps se mouvant en tourbillons, p. 6.

Fontana rapporte dans son excellent ouvrage sur le venin de la vipère, tome Ier,
page 62, qu'il a réussi à animer de nouveau en deux heures, par le moyen d'une
goutte d'eau, un rotifère desséché depuis
deux ans, et qui était resté sans mouvement. Au sujet des effets de l'eau, voyez
mes *Essais sur l'irritabilité des fibres ner-*
veuses et musculaires (en allemand),
tom. II, p. 250.

⁴ Les insectes ailés, p. 6.

Jadis on attribuait presque uniquement
au vent la fécondation des fleurs où les

sexes sont séparés. Kohlreuter et M. Spreu-
gel ont prouvé, avec une sagacité étonnante, que les abeilles, les guêpes et un
grand nombre de petits insectes ailés,
jouaient le principal rôle dans cette opération. Je dis le rôle principal; car prétendre
que la fécondation du germe ne peut absolument avoir lieu sans l'intermédiaire de
ces petits animaux, ne me paraît pas une
assertion conforme au génie de la nature,
ainsi que M. Wildenow l'a démontré d'une
manière très détaillée *. Mais, d'un autre
côté, il faut observer que la dichogamie,
les taches colorées des pétales qui indiquent
les vaisseaux où le miel est contenu, et la
fécondation par le concours des insectes,
sont trois circonstances presque inséparables.

---

* *Elémens de Botanique* (en allemand), p. 405.

⁵ Brillent comme des étoiles, p. 8.

La lueur de l'Océan est un des plus
beaux phénomènes naturels, qui excitent
l'étonnement, quoique pendant des mois
entiers on la voie renaître chaque nuit. La
mer est phosphorescente sous toutes les
zones; mais celui qui n'a pas été témoin
de ce phénomène dans la zone torride, et
surtout sur le grand Océan, ne peut se
faire qu'une idée imparfaite de la majesté
d'un si grand spectacle. Quand un vaisseau
de guerre, poussé par un vent frais, fend
les flots écumeux, et qu'on se tient près
des haubans, on ne peut se rassasier du
coup-d'œil que présente le choc des vagues. Chaque fois que dans le mouvement
du roulis le flanc du vaisseau sort hors de
l'eau, des flammes rougeâtres, sembla-

bles à des éclairs, paraissent sortir de la quille et s'élancer vers la surface de la mer. Le Gentil* et Forster père** expliquaient l'apparition de ces flammes par le frottement électrique de l'eau contre le corps du navire qui avançait. Mais d'après nos connaissances physiques actuelles, cette explication n'est pas admissible.

Il est peu de points d'histoire naturelle sur lesquels on ait autant et aussi longtemps disputé que sur la lueur de l'eau de la mer Ce que l'on en sait de plus précis, se réduit aux faits suivans : il y a plusieurs mollusques luisans qui, pendant leur vie, répandent à leur gré une lu-

---

* *Voyage aux Indes*, T. I, p. 685-698.
** *Remarques faites dans un Voyage autour du monde*, 1783 (en allemand), p. 57.

II. 6

mière phosphorique assez faible, et généralement d'une couleur bleuâtre ; c'est ce
qu'on observe dans le *nereis noctiluca*, le
medusa pelagica variété β * et le *mono-
phora noctiluca*, découvert dans l'expédition du capitaine Baudin **. De ce nombre sont aussi les animaux microscopiques
qui, jusqu'à présent, n'ont pas été *déterminés*, et que Forster vit nager en multi-
tudes innombrables sur la mer, près du
cap de Bonne-Espérance. La lueur de l'eau
de la mer est quelquefois occasionée par
ces portes-lumières vivans ; je dis quelquefois, car le plus souvent, malgré tous
les verres grossissans, on n'apercoit aucun
animal dans l'eau lumineuse ; et cepen-

---

* Forskol, *Fauna œgyptiaco-arabica*, p. 109.
** Bory St.-Vincent, *Voyage aux îles d'Afrique*,
T. I, p. 107, pl. 6.

dant, toutes les fois que la lame vient frapper un corps dur et se brise en écumant, partout où l'eau est fortement agitée, on voit briller une lumière semblable à celle de l'éclair. Ce phénomène a probablement pour principe les fibrilles décomposées des mollusques morts qui sont en quantité infinie dans la profondeur des eaux : lorsque l'on fait passer cette eau lumineuse à travers un tissu serré, ces fibrilles en sont quelquefois détachées sous la forme de points lumineux. Quand nous nous baignions le soir, dans le golfe de Cariaco, près de Cumana, quelques parties de notre corps restaient lumineuses au sortir de l'eau. Les fibrilles lumineuses s'attachent à la peau. D'après l'immense quantité de mollusques dispersée dans toutes les mers de la zone torride, on ne doit pas s'étonner que l'eau de la

mer soit lumineuse, lors même qu'on n'en
peut point détacher de matière organique.
La division à l'infini de tous les corps
morts des dagyses et des méduses peut
faire considérer la mer entière comme un
fluide gélatineux, et qui par conséquent
est lumineux, a un goût nauséabonde, ne
peut être bu par l'homme, mais est nourrissant pour plusieurs poissons. Si l'on a
frotté une planche avec une partie du
corps de la méduse hysocelle, l'endroit
frotté redevient lumineux toutes les fois
qu'on passe dessus le doigt bien sec. Durant ma traversée pour aller à l'Amérique
du sud, je mettais quelquefois une méduse sur une assiette d'étain. Si je frap-
pais l'assiette avec un autre métal, les
moindres vibrations de l'étain suffisaient
pour faire luire l'animal. Comment, dans
ce cas, le choc et la vibration agissent-

ils? Elève-t-on instantanément la température? découvre-t-on de nouvelles sur-
faces, ou bien le choc fait-il sortir le gaz
hydrogène phosphoré, de sorte que se
trouvant en contact avec l'oxigène de l'atmosphère ou de l'eau de la mer, il vienne
à brûler? Cet effet du choc qui excite la
lumière est surtout étonnant dans une mer
clapoteuse, lorsque les lames s'entrecho-
quent en tous sens. Entre les tropiques,
j'ai vu la mer lumineuse à toutes les tem-
pératures; mais elle l'était davantage aux
approches des tempêtes, ou lorsque le
ciel était bas, nuageux et très couvert. Le
froid et la chaleur paraissent avoir peu
d'influence sur ce phénomène; car sur le
banc de Terre-Neuve, la phosphorescence est souvent très forte dans le moment le plus rigoureux de l'hiver. Quelquefois toutes les circonstances étant d'ail-

leurs égales, au moins en apparence, la phosphorescence est considérable, pendant une nuit, et la nuit suivante elle est presque nulle. L'atmosphère favorise-t-elle ce dégagement de lumière, cette combustion de l'hydrogène phosphoré? ou ces différences ne dépendent-elles que du hasard qui conduit le navigateur dans une mer plus ou moins remplie de gélatine de mollusques? Peut-être aussi les animalcules luisans ne viennent-ils à la surface de la mer que lorsque l'atmosphère est dans un certain état? M. Bory St.-Vincent demande avec raison pourquoi nos eaux douces marécageuses remplies de polypes ne sont pas lumineuses? Il paraîtrait en effet qu'il faut un mélange particulier de particules organiques pour favoriser ce dégagement de lumière; aussi le bois du saule est-il plus fréquemment phospho-

rescent que celui du chêne. En Angleterre
on a réussi à rendre de l'eau salée lumineuse en y jetant de la saumure de ha-
reng. On peut au reste se convaincre par
les expériences galvaniques , que l'état
lumineux des animaux vivants dépend
d'une irritation des nerfs. J'ai vu un *ela-
ter noctilucus* qui se mourait, répandre
une forte lueur lorsque je touchais avec
de l'étain et de l'argent ses extrémités an-
térieures. Quelquefois aussi les médules
répandent une lueur plus forte à l'instant
où l'on termine la chaîne galvanique.
(Humboldt. *Relation historique* , t. I ,
p. 76. 533.)

6 Vit dans les poumons du serpent à sonnettes des tropiques , p. 7.

L'animal que j'ai nommé autrefois *échy-
norynchus* , ou même *porocephalus* m'a

paru, après un examen plus exact, et suivant l'opinion raisonnée de M. Rudolphi *,
appartenir à la division des pentistomes.
Il habite les intestins et les vastes cellules
pulmonaires du *crotalus durissus*, qu'on
trouve quelquefois à Cumana, même dans
l'intérieur des maisons, et qui attrape les
souris. L'ascaride du lombric ** vit ordinairement sous la peau du ver de terre;
c'est la plus petite espèce de ce genre. Le
leucophra nodulata, ou l'animal perlé de
Gleichen, a été observé par Müller dans
l'intérieur du *naïs littoralis* ***. Il est vraisemblable que ces êtres microscopiques

---

* Rudolphi, *Entozoorum Synoplis*, p. 124-434.

** Goez, vers intestinaux (en allemand), partie IV, fig. 10.

*** Mulleri *Zoologia Danica*, T. XI, pl. 80,
fig. a — e.

servent à leur tour de demeure à d'autres.
Tous sont entourés de couches d'air presque dépourvues d'oxigène, mais conte-
nant des mélanges d'hydrogène et d'acide
carbonique. Il est très douteux qu'un animal vive dans l'azote pur; jadis on le
croyait du *cistidicola farionis* de Fischer,
parce que, d'après les expériences de Four-
croy, la vessie natatoire des poissons paraissait contenir un air entièrement dépouillé d'oxigène. Les expériences d'Er-
man et les miennes prouvent que la vessie
des poissons d'eau douce ne renferme pas
d'azote pur *.

Dans les poissons de mer on trouve jus-

---

* Humboldt et Provençal *sur la respiration des
poissons*, dans le *Recueil d'observations de zoologie*,
T. II, p. 194-216.

qu'à 0,80 d'oxigène ; et suivant M. Biot,
la pureté de l'air dépend de la profondeur
à laquelle les poissons vivent *.

7 Des Néréïdes réunies , p. 11.

Suivant Linné et Ellis, les zoophytes
calcaires, tels que les tubipores, les mille-
pores et les madrépores sont habités par
des animalcules qui ont quelque affinité
avec les néréïdes , les méduses , et les
hydres; mais des recherches plus récentes
ont fait voir que tous les coraux qui forment des rochers, autrement les lithophytes saxigènes des zoologistes français , et
même le *pavonia cariophyllea* et le *nulli
pora* de M. Lamarck , servent d'habitation

* *Mémoires de la Société d'Arcueil* , T. I ,
p. 252—281.

à des mollusques gélatineux d'une espèce
particulière, ou s'en trouvent entourés.
Depuis le voyage de Cook, les observations
de Forster ont fait naître l'idée aux géognostes que plusieurs îles et des pays entiers devaient leur origine au corail produit par ces animalcules. J'ai vu de ces îles
de corail couvertes d'une végétation chétive, et je ne doute pas qu'une grande
partie de celles du grand Océan, n'aient
été formées de cette manière. Cependant
il me paraît qu'on a donné trop d'extension
à cette hypothèse sur laquelle M. Adelbert
de Chamisso, excellent observateur, a
répandu un grand jour. Dans les Antilles,
par exemple, des rochers calcaires de formation tertiaire, qui contiennent des madrépores et des tubipores pétrifiés, ont été
pris pour des ouvrages récens des animalcules du corail, uniquement parce qu'ils

se trouvent dans des parages où l'on observe
encore des vers semblables. Mais quand
on pénètre dans l'intérieur des grandes
Antilles, on rencontre des montagnes de
formation primitive qui, à une grande
hauteur, sont entourées de ces mêmes roches à madrépores. Par conséquent ces
rochers sont sortis du chaos du monde primitif. Entre les tropiques, sur les rivages
du golfe du Mexique, le voyageur court
le risque de confondre avec d'anciens bancs
de corail, des couches de calcaire tertiaire
qui sont posées au-dessus de la craie, et
remplies de pétrifications de corail.

[8] Les traditions de la Samothrace, p. 16.

Diodore nous a conservé cette tradi-
dition mémorable dont la vraisemblance
se change en certitude historique pour le

géognoste. L'île de Samothrace était habitée
par le reste d'un peuple primitif qui avait
sa langue particulière, dont les mots furent encore long-temps après en usage
dans les cérémonies des sacrifices. La situation de cette île proche des Dardanelles,
fait concevoir aisément comment la tradition plus circontanciée de la grande catastrophe de l'irruption des eaux s'y était précisément conservée. Les Samothraciens
racontaient que la mer Noire avait été un
lac, qui, gonflé par l'amas des eaux qu'il
recevait, s'était fait jour à travers le Bos-
phore, puis à travers l'Hellespont, long-
temps avant les inondations dont il est
question chez les autres peuples *.M. Du-
reau de la Malle, dans son ouvrage intitulé:

---

* Diod. de Sicile, lib. V, chap. 47, p. 368,
ed. de Wesseling.

Géographie physique de la mer Noire, de l'intérieur de l'Afrique et de la Méditerranée *, a réuni avec beaucoup de sagacité, tout ce que l'on sait sur ces anciennes révolutions de la nature. Depuis il a paru, en allemand, deux ouvrages sur cette matière, l'un de M. Hoff ** qui est vraiment classique, l'autre de M. Creuzer ***.

<hr/>

9 La précipitation des nuages, p. 19.

<hr/>

Le courant d'air ascendant est une des causes principales des phénomènes météorologiques les plus importans. Quand une plaine sablonneuse dénuée de plantes est

<hr/>

* Paris, 1807.

** *Geschiehte der Naturalichen Verænderungen der Erdoberflæche* (1822), T. I, p. 105—162.

*** *Symbolik*, 2ᵉ édit., T. II, p. 283, 318, 361.

bornée par une chaîne de montagnes élevées, on voit le vent de mer pousser par
dessus ce désert, des nuages épais qui ne
se dissolvent que lorsqu'ils sont arrivés
aux montagnes. Jadis on expliquait ce
phénomène d'une manière peu exacte, en
disant que les chaînes de montagnes atti-
raient les nuages. La véritable cause paraît
en être dans cette colonne d'air chaud ascendant qui s'élève de la surface de la
plaine sablonneuse, et qui empêche les
vapeurs de se dissoudre. Plus une surface
est dépourvue de végétation, plus le sable
s'échauffe, plus les nuées s'élèvent, moins
par conséquent la dissolution doit s'opérer.
Toutes ces causes cessent d'agir sur le penchant des montagnes. Le jeu du courant
d'air perpendiculaire y est plus faible. Les
nuées s'abaissent et se résolvent en pluie
dans les couches d'air plus fraîches. Ainsi ,

le manque de pluie et le défaut de plantes
réagissent réciproquement l'un sur l'autre.
Il ne pleut pas parce que la surface sablonneuse nue et privée de végétation, s'é-
chauffe davantage, et réfléchit plus de
chaleur ; et le désert ne devient pas une
steppe ou une savane, parce que sans eau
il ne peut y avoir de développement organique.

[10] La masse de la terre en se durcissant et dégageant de la
chaleur, p. 22.

Lorsque, suivant l'hypothèse des géognostes neptuniens, toutes les roches primitives tenues en dissolution dans un fluide,
se précipitèrent ; ce passage de l'enveloppe
de la terre, d'un état fluide à un état solide, dut dégager une quantité énorme de
calorique qui occasiona une nouvelle éva-

poration et de nouveaux précipités. Ceux-
ci durent se faire plus promptement, plus
confusément et affecter des formes moins
crystallines, à mesure qu'ils eurent lieu
plus tard. Un pareil dégagement soudain
de calorique, provenant de l'enveloppe de
la terre, à mesure qu'elle se durcissait, indépendamment de la position de son axe et
indépendamment de la hauteur du pôle,
pour chaque point de la surface, pouvait oc-
casioner une élévation de la température
de l'atmosphère que plusieurs phénomènes
géognostiques mystérieux, dans les roches
à couches, semblent indiquer. J'ai développé en détail mes conjectures sur cet
objet dans un petit mémoire sur la poro-
sité primitive*. D'après ma nouvelle ma-

---

* Voyez mon ouvrage sur l'atmosphère et le
Journal minéralogique de M. Moll (en allemand).

nière de voir , la terre dont la surface
était oxidée a pu , dans les temps primitifs, par la communication de l'atmosphère
avec son intérieur fortement ébranlé et entr'ouvert sur un grand nombre de points,
se donner sa température , indépendamment de sa position relativement au soleil.
Quelle influence n'exercerait pas sur le
climat de la France durant des siècles,
une fente ouverte, profonde de 2,000 toises, qui s'étendrait des rives de la Méditerranée jusqu'aux côtes du Nord ?

11 Celles de la partie la plus méridionale du Mexique , p. 22.

La roche conique de diabase à couches
concentriques observée dans les montagnes de Guanaxuato, est entièrement semblable à celle du Fichtelberg en Franconie.
Toutes deux forment des masses d'un as-

pect bizarres posées , sur des roches primitives. De même la pierre perlée , le
schiste phonolitique, le trachyte et le porphyre à base de résinite présentent la
même forme dans les royaumes de la Nouvelle-Espagne près de Cinapecuaro et de
Moran, en Hongrie, en Bohême , et dans
le nord de l'Asie.

¹² Le dragonier d'Orotawa, p. 26.

Cet arbre gigantesque (*dracœna draco*)
est aujourd'hui dans le jardin de M. Franchi, dans la petite ville d'Orotawa, appelée
jadis Taoro, l'un des endroits les plus dé-
licieux du monde cultivé. En juin 1799 ,
lorsque nous gravîmes le pic de Ténériffe,
nous trouvâmes que ce végétal énorme
avait quarante-cinq pieds de circonférence
un peu au dessus de la racine. Sir G. Staun-

ton prétend qu'à dix pieds de hauteur, il a douze pieds de diamètre. La tradition rapporte que ce dragonier était révéré par les Guanches, comme l'orme d'Ephèse par les Grecs ; et qu'en 1402, époque de la première expédition de Bethencourt, il était aussi gros et aussi creux qu'aujourd'hui. En se rappelant que le dragonier a partout une croissance très lente, on peut conclure que celui d'Orotava est extrêmement âgé. C'est sans contredit, avec le baobab, un des plus anciens habitans de notre planète. Il est singulier que le dragonier ait été cultivé depuis les temps les plus reculés dans les îles Canaries, dans celles de Madère et de Porto-Santo, quoiqu'il vienne originairement des Indes. Ce fait contredit l'assertion de ceux qui représentent les Guanches comme une race d'hommes atlantes, entièrement isolée et n'ayant aucune relation

avec les autres peuples de l'Asie et de l'A-
frique. La forme des dragoniers est répétée à la pointe méridionale de l'Afrique,
dans l'île Bourbon, en Chine et à la Nou-
velle-Zélande. Dans ces contrées si distantes, on trouve des espèces de cette
famille, mais on n'en voit aucune dans le
nouveau continent, où cette forme est
remplacée par l'yucca ; car le *dracœna
borealis* d'Aiton est un véritable conval-
laria, et il a entièrement le port de ce dernier genre. (Humboldt, *Relation historique*, T. I, p. 118. 639.)

¹³ Les différentes espèces de plantes qui sont déja connues, p. 27.

Il y a trois questions qu'il faut séparer
avec soin : 1° Combien d'espèces de plantes a-t-on déja décrites dans les ouvrages
imprimés? 2° Combien y en a-t-il de dé-

couvertes? 3° Combien peut-on supposer qu'il en existe sur la terre? L'édition du *Système des Végétaux* de Linné, mise au jour par Murray, n'en contient, avec les cryptogames, que 10,042 espèces. Wildenow, dans son excellente édition du *Species Plantarum*, publiée de 1797 à 1807, en a déja décrit 17,457 espèces dans les vingt-trois premières classes, qui comprennent seulement les phanérogames ou plantes dont les parties de la fructification sont visibles à l'œil nu. Si l'on ajoute à ce nombre celui de 3,000 espèces cryptogames, le total sera de 20,000. De nouvelles recherches ont montré combien ces estimations des plantes, décrites et conservées dans les herbiers, étaient restées au-dessous de la vérité. Robert Brown, dans ses *General Remarks on the Botany of Terra australis* (p. 4), compta plus de 37,000

phanérogames. J'ai rendu très vraisemblable l'opinion qu'il existe 44,000 plantes,
tant phanérogames que cryptogames, dans
les diverses contrées déja visitées *. Le ca-
talogue des phanérogames décrites, donné
par Steudel , comprend 39,684 espèces.
Après avoir comparé son *Système univer-
sel des Végétaux, en douze familles,* avec
l'*Enchiridium* de Persoon, M. Decandolle
pense que l'on trouverait au-delà de 56,000
espèces de plantes**.Quand on fait réflexion
que dans tous les jardins botaniques réunis
on cultive certainement plus de 16,000 phanérogames, on est porté à regarder même
le calcul de M. Decandolle comme trop

---

* Humboldt , *de Distributione Geographica
Plantarum ,* p. 23.

** *Essai élémentaire de Géographie Botanique,*
p. 62.

faible. En effet, si l'on considère que nous
ne connaissons pas, dans l'Amérique du
sud, la province de Montogrosso au Brésil, le Paraguay, Buenos-Ayres, le ver-
sant oriental des Andes, Santa-Cruz de la
Sierra, et toute la contrée comprise entre
l'Orénoque, le Rio-Negro, le fleuve des
Amazones et Puruz; dans le centre et dans
l'est de l'Asie, le Tibet, la Boukharie, la
Chine et Malacca; que nous savons à peine
quelque chose de l'Afrique, de Madagas-
car, de Borneo et des îles voisines, enfin
de la Nouvelle-Hollande, on est involontairement porté à croire que nous ne connaissons pas encore le tiers, ni même probablement le cinquième des plantes qui
existent sur la terre. Qu'on fasse seulement attention aux nouveaux genres, qui,
la plupart, sont de grands arbres, et qu'on
a découverts depuis 3oo ans près des gran-

des villes de commerce dans les petites
Antilles, fréquentées par les Européens.
Ces considérations trouvent en quelque
sorte leur confirmation dans l'ancien my-
the du Zend-Avesta, « comme si la force
« créatrice primitive avait tiré 120,000
« formes de plantes du sang du taureau
« sacré. »

14 La hauteur de l'océan aérien et sa pression n'ont—elles pas
toujours été les mêmes? p. 32.

La pression de l'atmosphère a une influence frappante sur la configuration et
la vie des végétaux. Chez eux, la vie,
comme chez les lithophytes qui envelop-
pent des pierres mortes, se porte au-de-
hors. Les végétaux vivent principalement
par leur surface ; de là leur grande dépendance du milieu qui les entoure. Les ani-

maux obéissent plutôt à des *stimulus* intérieurs, et se donnent la température qui
leur convient. La respiration par l'épiderme est la plus importante fonction vitale des plantes, et cette fonction, en tant
qu'elle sert à évaporer et à secréter des
fluides, dépend de la pression de l'atmosphère. C'est pourquoi les plantes des Alpes
sont très aromatiques, très garnies de poils
et couvertes de nombreux vaisseaux se-
crétoires ; car, d'après les expériences zoo-
nomiques, les organes sont d'autant plus
multipliés et plus parfaits, qu'ils peuvent
plus aisément remplir leurs fonctions ; c'est
ce que j'ai développé dans mes *Recherches
sur l'Irritation des Muscles,* tom. II. Aussi
les plantes des Alpes croissent-elles avec
difficulté dans les plaines où leur respiration par l'épiderme est dérangée, parce
que la pression de l'air y est plus forte.

On ne sait si l'océan aérien qui entoure
notre planète a toujours exercé la même
pression. Nous ne savons même pas si depuis cent ans, la hauteur moyenne du baromètre a toujous été la même dans le
même endroit. Les expériences de Poleni
et de Toaldo donneraient sujet de penser
que cette pression éprouve des changemens. On a long-temps révoqué en doute
la justesse de ces observations ; mais les
recherches récentes de l'astronome Carlini
ont démontré que la hauteur moyenne du
baromètre décroît à Milan.

¹⁵ Les palmiers, p. 33:

Je vais insérer ici des remarques que
j'écrivais en mars 1801, à bord du navire
qui nous transporta de l'embouchure du
Rio-Sinu à Carthagena de Yndias. Nous

venions de quitter cette contrée si féconde
en palmiers.

« Depuis deux ans, nous avons vu dans
l'Amérique du sud plus de 27 espèces
différentes de palmiers. Quelle quantité
Thunberg, Banks, Solander, les deux
Forster, Adanson, Sonnerat, Jacquin et
Kœnig n'en auront-ils pas observé dans
leurs voyages lointains ! Cependant nos
systèmes botaniques connaissent à peine
quatorze ou dix-huit genres de palmiers,
décrits complètement. La difficulté est
ici beaucoup plus grande qu'on ne pourrait l'imaginer. Nous nous en sommes
aperçus d'autant plus aisément, que nous
avons dirigé principalement notre attention sur les palmiers, les graminées, les
scitaminées et les autres familles les plus
négligées. Les premiers ne fleurissent

qu'une fois l'an, et près de l'équateur,
dans les mois de janvier et de février.
Tous les voyageurs ont-ils la possibilité
de se trouver précisément à cette époque
dans les contrées où les palmiers sont communs? Dans quelques espèces, la durée de
la floraison est limitée à un si petit nombre de jours, que l'on arrive presque toujours trop tard, et que l'on voit les palmiers avec leur germe gonflé, mais sans
fleurs mâles. Dans des espaces de 2000
lieues carrées, on ne trouve souvent que
trois à quatre espèces de palmiers. Qui
peut, à l'époque de la floraison, se trouver à la fois dans tous les cantons où ils
abondent, dans les missions du Rio-Ca-
rony, et dans les *morichalès**, à l'em-

---

* Dans l'Amérique du Sud, on appelle *morichalès* un lieu humide, garni de groupe de mauritia.

bouchure de l'Orénoque, dans la vallée de Caura et d'Erevato, sur les bords de l'Atabapo et du Rio-Negro, ou sur les flancs du Duida. Ajoutez la difficulté de pouvoir atteindre aux fleurs de palmier, lorsque dans des forêts épaisses ou sur les bords fangeux des rivières, comme sur ceux du Temi et du Tuamini *, on les voit pendre de soixante pieds de hauteur, et que le tronc de l'arbre est armé d'aiguillons redoutables. L'Européen, qui se prépare à faire un voyage pour étudier l'histoire naturelle, se fait des illusions sur des instrumens tranchans et recourbés, qui, fixés à l'extrémité d'une perche, abattent tout ce qui fait obstacle;

* Deux petites rivières qui se jettent dans l'Atabapo, et par lesquelles on va de l'Orénoque aux missions de Rio-Negro.

ou s'imagine que des nègres , les deux
pieds fixés par une corde, pourront grimper aux arbres les plus élevés. Malheureusement toutes ces espérances sont dé-
çues. Dans la Guyane, on se trouve au
milieu d'hommes que leur pauvreté rend
si riches et si au-dessus de tous les besoins, que ni argent, ni offre de présens
ne peut les engager à s'écarter de trois
pas de leur chemin. Cette apathie in-
domptable des naturels irrite d'autant plus
les Européens, qu'on les voit gravir avec
une légèreté incroyable partout où les
pousse leur penchant ; par exemple, pour
saisir un singe qui, blessé d'une flèche, se
soutient encore par l'extrémité de sa
queue roulée autour d'une branche. Nous
vîmes au mois de janvier, dans les pro-
menades publiques, près de la Havane,
et dans les campagnes voisines , toutes

les cimes du palmier, appelé palma-réal,
couvertes de fleurs blanches comme la
neige. Plusieurs jours de suite nous of-
frîmes, à tous les petits nègres que nous
rencontrions dans les rues de Regla ou de
Guanavacoa, deux piastres pour chaque
rameau de fleurs mâles qu'ils nous rap-
porteraient ; ce fut en vain. Sous les tropiques, un homme libre se soustrait à toute
espèce d'ouvrage pénible, à moins qu'il
ne soit réduit à l'extrême nécessité. Les
botanistes et les peintres de la commission
royale d'histoire naturelle du comte de
Monpox, MM. Estevez, Boldo, Guio et
Echeviria, nous ont avoué que durant
plusieurs années il leur avait été impossible d'examiner ces fleurs, n'ayant pu y
atteindre. Quand on aura bien pésé ces dif-
ficultés, on comprendra aisément ce qui
m'aurait toujours paru incompréhensible

en Europe, comment, dans l'espace de deux
ans, nous n'avons pu décrire systématique-
ment que douze espèces de palmiers. Qu'il
serait intéressant l'ouvrage qu'un botaniste publierait sur ces végétaux, si, pendant son séjour dans l'Amérique du sud,
il s'occupait exclusivement de leur étude,
et représentait le spathe, le spadix; les
parties de la fructification et les fruits
dans leur grandeur naturelle! Les feuilles,
il est vrai, affectent en général une forme
assez constante; elles sont ou pinnées
(pinnata), ou en éventail (palmato-digi-
tata); le pétiole est tantôt sans piquans,
tantôt épineux et dentelé en scie. La figure des feuilles du *caryota urens* est
presque unique parmi les palmiers, comme
celle des feuilles du gingko biloba l'est parmi les autres arbres. Le port et la physionomie des palmiers offrent un grand ca-

II.   8

ractère très difficile à exprimer par le langage. La tige est tantôt difforme et très
épaisse (*corozo del sinu*), tantôt elle est
faible et n'a que la consistance du ro-
seau (*piritu*); ou bien elle est renflée par
le bas (*cocos*), ou lisse, ou écailleuse
(*palma de Covija o de Sombrero* dans les
llanos), ou garnie de piquans (*corozo de
Cumana*). Des différences caractéristiques
sont placées dans les racines qui, très
saillantes hors de terre comme dans le
figuier, élèvent la tige sur une espèce d'é-
chafaudage, ou l'entourent en bourrelets
multipliés. Quelquefois la tige est renflée
dans le milieu, et plus mince en dessus
et en dessous, comme dans le palma-réal
de l'île de Cuba. Les feuilles sont d'un vert
foncé luisant (*Mauritia, Cocos*), ou d'un
blanc argenté en dessous; par exemple,
dans le miraguama ou palmier en éven-

tail si grêle, que nous trouvâmes, près
de Puerto de la Trinidad de Cuba. Quelquefois, le milieu de la feuille en éventail
est orné de raies concentriques jaunes et
bleuâtres, disposées comme les yeux de
la queue d'un paon. C'est ce qu'on voit
dans le mauritia épineux, que M. Bonpland a découvert sur les bords du Rio-
Atabapo.

« Un caractère non moins important est
la direction des feuilles. Les folioles sont
ou placées comme les dents d'un peigne,
très serrées les unes contre les autres et
couvertes d'un parenchyme très roide ;
c'est ainsi qu'elles sont dans le cocotier et
le dattier, et c'est ce qui produit ces beaux
reflets de lumière sur la surface supérieure
des feuilles, qui est d'un vert plus frais
dans le cocotier, plus mat et comme cen-

dré dans le dattier; ou bien le feuillage
ressemble à celui des roseaux par son
tissu composé de fibres minces et souples,
et se recourbant sur lui-même. (*Jagua* ,
palma-real del Sinu, palma-real de Cuba.
piritu del Orinoco.) Dans les palmiers,
c'est non-seulement la tige élancée qui a
de la majesté , mais encore la direction des
feuilles. Plus elles sont redressées, plus
l'angle intérieur qu'elles forment par le
bas avec l'extrémité supérieure du tronc
est aigu, plus la figure de l'arbre a un caractère imposant. Quelle différence d'aspect entre les feuilles pendantes du palma
de Covija de l'Orénoque, même entre
celles du dattier et du cocotier, et entre
les branches du jagua et du pirijao qui
pointent vers le ciel ! La nature a prodi-
gué toutes les beautés de formes au palmier jagua qui couronne les rochers gra-

nitiques des cataractes d'Aturès et de Maypurès. Leurs tiges élancées et lisses atteignent une hauteur de soixante à
soixante - dix pieds, de sorte que, suivant l'expression de M. Bernardin de
Saint - Pierre, elles s'élèvent en portique
au-dessus des forêts. Cette cime aérienne
contraste d'une manière surprenante avec
le feuillage épais des ceiba, avec les forêts de laurinées, de calophyllum et
d'amyris qui l'entourent. Les feuilles
peu nombreuses de ces palmiers (quelques-uns n'en ont que sept à huit) ont
quatorze à seize pieds de longueur, et s'é-
lèvent presque verticalement ; leurs extrémités sont frisées en panache, couvertes d'un parenchyme mince et herbacé ;
les folioles légères et aériennes voltigent
autour des pétioles qui se balancent lentement.

« C'est au-dessous de la naissance des
feuilles que, dans tous les palmiers, les
parties de la fructification naissent de la
tige. La maniere dont elles paraissent mo-
difie aussi la forme de ces arbres. Dans un
petit nombre, le spathe est perpendiculaire, et les fruits redressés sont disposés
en une espece de thyrse ressemblant au
fruit des ananas; tel est le corozo du Sinu.
Dans la plupart, les spathes, tantôt lisses,
tantôt très rudes, sont pendans; dans quelques-uns, la fleur mâle est d'un blanc
éblouissant *(palma-réal de la Havana)*.
Le spadix développé brille au loin; mais
la plus grande partie des fleurs mâles sont
jaunâtres, très serrées les unes contre les
autres, et presques flasques, lorsqu'elles
se dégagent du spathe. Dans les palmiers
à feuilles pinnées, les pétioles sortent de
la partie sèche, rude et ligneuse du tronc

(comme dans le cocotier, le dattier et le palma-real del Sinu), ou bien celui-ci porte une espèce de tige lisse, mince et d'un vert tendre, qui donne naissance aux feuilles (*palma-real de la Havana*). Dans les palmiers à feuilles palmées, le feuillage touffu est souvent posé sur une couche de feuilles desséchées, ce qui donne à ces végétaux un caractère mélancolique (*moriche, palma de Sombrero de la Havana.*) Dans quelques palmiers en forme de parasol, le feuillage ne consiste qu'en quelques feuilles peu nombreuses qui s'élèvent à l'extrémité des pétioles grêles (*miraguama*). La conformation et la couleur des fruits offrent plus de diversité qu'on ne le croit en Europe. Le mauritia porte des fruits oviformes, dont l'enveloppe écailleuse, brune et lisse leur donne de la ressemblance avec les jeunes

pommes de pin. Quelle différence entre l'é-
norme coco triangulaire, la datte, et le
petit fruit dur du corozo! Mais aucun fruit
de palmier n'égale en beauté celui du pi-
rija de San-Fernando de Atabapo et de
San-Baltazar. Il est ovale et, comme les
pêches, coloré, moitié en jaune doré,
moitié en rouge foncé; on voit des grappes
de ces fruits pendre du haut de la tige
d'un palmier najestueux. »

Trois formes d'une beauté remarquable sont propres aux pays de la zone torride, dans toutes les parties du monde :
les palmiers, les bananiers et les fougères
arborescentes. C'est lorsque la chaleur et
l'humidité agissent en même temps, que
la végétation est la plus vigoureuse, et
que les formes sont les plus variées. C'est
pourquoi l'Amérique du sud est la patrie

des plus beaux palmiers. En Asie, cette
forme est plus rare, parce que la partie
de ce continent qui était sous l'équateur,
paraît avoir péri dans les anciennes révolutions de notre planète. Nous ne savons
rien des palmiers d'Afrique depuis la baie
de Benin jusqu'à la côte d'Ajan. En général nous ne connaissons qu'un très petit
nombre de palmiers de cette partie du
monde. Parmi ces végétaux, les dattiers,
les *mauritia* et le palmite croissent en
société ; les cocos de Guinée, le martinezia
et l'iriartea vivent solitaires.

Les palmiers fournissent les exemples
de la plus grande hauteur à laquelle parviennent les végétaux. Le palmier à cire,
que nous avons découvert sur les Andes,
dans la montagne de Quindiu entre Ibaguè
et Carthago, atteint la hauteur énorme de

160 à 180 pieds. Les troncs gigantesques
d'eucalyptus, que M. la Billardière a mesurés, dans l'île de Van - Diemen , n'ont
que 150 pieds de haut. Ordinairement
les palmiers cessent, sur la pente des Andes, entre 600 et 700 toises d'élévation.
Cependant un petit groupe de palmiers
alpins (les *Kunthia montana , Oreodoxa
frigida* et *ceroxylon andicola*), monte jusqu'à 1,500 toises. (Voyez *Plantes équinoxiales,* 1ᵉʳ fascicule, p. 5 ; Humboldt,
de Distributione geographica plantarum,
p. 216-240 , où je donne la liste de 137
espèces de palmiers). Les quarante-cinq
espèces , que M. Bonpland et moi nous
avons vues, ont été prodigieusement aug-
mentées par deux voyageurs, MM. Martius et Spix.

16 Dès l'enfance de sa civilisätion , p. 36.

On trouve, dans tous les pays de la
zone torride, la culture du bananier éta-
blie depuis les temps les plus anciens,
dont parlent les traditions et les histoires.
Il est certain que les esclaves africains
ont porté en Amérique quelques variétés de la banane, et il ne l'est pas moins
qu'elle était cultivée dans le Nouveau-
Monde, avant l'arrivée·de Colomb. A
Cumana, les Indiens Guaikeri nous ont
raconté que sur la côte de Paria, près du
golfe Triste, lorsqu'on laissait mûrir le
fruit du bananier, il portait quelquefois
des semences qui germaient. C'est pourquoi, nous dirent-ils, on trouve dans l'é-
paisseur des forêts de Paria, des bananiers
sauvages, provenus de semences mûres

que les oiseaux y ont répandues. Dans la province de Cumana aussi, on a quelquefois trouvé dans les bananes des semences bien formées. — Voyez mon *Essai sur la géographie des Plantes*, p. 29, et *Relation historique*, T. I, p. 104; T. II, p. 355-357.

¹⁷ La forme des malvacées, p. 37.

Adanson exprime sa surprise de ce qu'aucun des anciens voyageurs n'a fait mention du gigantesque baobab. Cependant Aloysio Cadamosto a parlé, dès 1445, du grand âge de ces arbres, dont la hauteur, dit-il, n'est pas en proportion avec la grosseur. « *Quarum eminentia altitudinis non quadrat magnitudini* * ». Adan-

* Cadamusti navigatio, ch. 43. Bowdich, *On Madeira*, p. 92.

son a trouvé des boabab , dont le tronc
était haut de 10 à 12 pieds, et qui avaient
77 pieds de circonférence. Leurs racines
étaient longues de 110 pieds. D'autres
écrivains parlent encore de dimensions
plus grandes. Sir Georges Staunton a vu
aussi des baobab aux îles du Cap - Vert ;
leur circonférence était de 56 pieds. Il
faut se rappeler que le baobab , ainsi que
la famille du *bombax* et de l'*ochroma ,*
croît beaucoup plus promptement que le
dragonier ; la végétation de celui - ci est
tres lente. Les platanes que M. Michaux
a trouvés près de Marietta sur les rives
de l'Ohio, ont à peu près le même diamètre que le célèbre dragonier d'Orotava *.
A 20 pieds d'élévation , leur tronc a 47

---

* *Voyage à l'ouest des monts Alléghanys.* Paris,
1804, p. 93.

pieds de circonférence. Mais probablement ces platanes sont parvenus à cette grosseur en dix fois moins de temps qu'il en aurait fallu au dragonier pour y atteindre *.

Les végétaux qui, dans toutes les parties du monde, acquièrent la dimension la plus grande, sont l'if, le châtaignier, plusieurs espèces de bamboux, les mimosa, les cæsalpinia, les figuiers, les acajous, les courbarils, le cyprès à feuilles d'acacia et le platane occidental. Voyez le troisième chapitre de la deuxième partie de mon *Voyage aux pays du Tropique*. Dans l'île de Cuba, on a vu de superbes planches d'acajou de 35 pieds de long et de 9 pieds de large.

---

* Kunth, *Malvaceæ et Butteriaceæ* (1822).

¹⁸ La forme des mimosa , p. 38.

Les feuilles finement pinnées des *mi-mosa* , des *acacia* , des *desmanthus* et des *schrankia* , sont une forme que les végé-taux affectent particulièrement entre les tropiques. Cependant on trouve ailleurs que dans la zone torride quelques repré-sentans de cette forme. Dans l'hémisphère septentrional de l'ancien continent , ce n'est qu'en Asie que j'en puis indiquer un seul ; c'est un petit arbuste , décrit par M. Marschal de Biberstein , sous le nom d'*acacia stephaniana*. D'après les recher-ches récentes de M. Kunth , c'est une es-pèce du genre *prosopis*. Cette plante , qui vit en société , couvre les plaines arides de la province de Chirvan , le long du Kour (*Cyrus*) , près du nouveau Cha-

makie , jusqu'à l'Arass (*Araxes*). Olivier
l'a rencontré près de Bagdad. Cet acacia
à feuilles bipinnées , dont Buxbaum a
fait mention, croît dans le nord jusque
sous le 42° parallèle *. En Afrique , le
gommier (*acacia gummifera*) remonte
jusqu'à Mogador, c'est-à-dire jusqu'au 32°
parallèle nord. Au Japon, l'acacia nemu
couvre les environs de Nangasaki. Dans le
Nouveau-Continent, l'*acacia glandulosa*,
de M. Michaux, et l'*acacia brachyloba*,
de Wildenow, ornent les rives du Mississipi et du Ténessée, ainsi que les savanes
des Illinois. M. Michaux vit le *schrankia*
uncinata , depuis la Floride jusqu'en Vir-
ginie , c'est-à-dire jusqu'au 37° degré de

---

* *Tableau des Provinces situées sur la côte occi-*
dentale de la mer Caspienne, entre les fleuves Terek
et Kour, 1798, p. 58, 120.

latitude boréale. Suivant Barton, le *gleditsia triacanthos* se trouve à l'est des
monts Alléghanys jusqu'au 38ᵉ parallèle,
et à l'ouest jusqu'au 41ᵉ. Le *gleditsia mono-
sperma* cesse à deux degrés plus au sud.
Voilà la limite où s'arrête la forme des
mimosa dans la partie septentrionale du
globe ; quant à la partie méridionale, nous
trouvons au-delà du tropique du capricorne, des acacia à feuilles simples jusque
dans l'île Van-Diemen ; et même le *mimosa caven* de Molina, assez imparfaitement décrit, croît au Chili, entre les 24ᵉ
et 37ᵉ parallèles sud *. L'espèce de mimosa
qui a les feuilles le plus finement découpées, est l'*acacia microphylla* indigène de
la province de Caracas. Jusqu'à présent

---

* Molina, *Histoire naturelle du Chili.*, pag.
148.

II.   9

aucun mimosa véritable, en prenant ce
nom dans le sens déterminé par Wildenow, ni aucun *inga*, n'ont été découverts
dans les zones tempérées. Parmi les acacia,
le julibrisin qui est indigène du levant, et
que Forscol a confondu avec le *mimosa
arborea*, supporte le plus grand degré de
froid. A Padoue, où le terme moyen de
chaleur est au-dessous de 11 dégrés, R, on
voit en plein air, dans le jardin botanique,
un arbre de cette espèce qui est d'une grosseur et d'une hauteur considérables.

¹⁹ Les éricées, p. 38.

Dans la partie orientale du nord de
l'Asie, les plantes éricées commencent à
n'être plus si communes qu'en Europe.
Selon Pallas, on ne trouve en Sibérie que
dix espèces d'andromeda, et aucune autre

bruyère que l'*erica vulgaris*, « qui, dit-
« il, devient sensiblement plus rare au-
« delà des monts Ural, se voit à peine
« dans les campagnes d'Isète, et manque
« entièrement dans la Sibérie ultérieure. »
*Quæ, ultra Uralense jugum sensim defi-
cit, vix in Isetensibus campis rarissime
apparet, et ulteriori Sibiriæ plane deest* *.
Mais des recherches plus approfondies ont
fait apercevoir que plusieurs de ces andromeda de Pallas étaient de véritables
bruyères, par exemple les *erica bryantha*
et *stelleriana* de Wildenow qui croissent
jusqu'au Kamtchatka. La première se
trouve même dans l'île de Bering. Dans
les îles du grand océan, on n'a encore découvert aucune bruyère.

---

* *Flora Rossica*, T. I, pars II, p. 53.

²⁰ La forme des cactus, p. 40.

Quand on est habitué à n'observer les
cactus que dans nos serres chaudes, on est
frappé d'étonnement en voyant à quel degré de densité peuvent parvenir les vaisseaux ligneux des vieilles tiges de cactus.
Les naturels de l'Amérique savent que le
bois de cactus est incorruptible, et qu'il
est excellent pour faire des rames et des
seuils de porte. Aucune physionomie de
plante ne produit sur un étranger une impression plus extraordinaire que celle que
lui fait éprouver une plaine aride comme
celles que l'on voit près de Cumana, de
Nueva Barcelona, de Coro, et dans la
province de Jaen de Bracamoros, couvertes de nombreuses tiges de cactus qui
s'élèvent comme des colonnes, et se divi-

sent par le haut comme des candelabres.
Dans l'ancien continent, surtout en Afrique et dans les îles voisines, quelques espèces d'euphorbes et de cacalia représentent à peu près la forme des cactus qui tous
sont américains.

21 Les Orchidées, p. 41.

La ressemblance que présentent les
fleurs des orchidées avec la forme des insectes, est surtout frappante, dans les *epi-
dendron mosquito* et *torito*, plantes fa-
meuses de l'Amérique méridionale ; dans
l'*anguloa*, ou fleur du Saint-Esprit *, dans
le *bletia*, et dans la famille de nos ophrys
d'Europe, *O. muscifera, O. apifera, O.
aranifera, O. arachnites.* Quelle quantité

* *Floræ Peruvianæ Prodromus;* p. 118, tab. 26.

d'orchidées à fleurs superbes , ne doit pas
contenir l'intérieur de l'Afrique , s'il est
abondant en sources !

²² Les Casuarinées , p. 42.

Le *casuarina equisetifolia* qui représente particulièrement cette forme , est
indigène de l'Asie-Méridionale et des îles
du grand Océan. Quatre autres espèces sont
propres à la Nouvelle - Hollande. L'espèce
nouvellement découverte , appelée *casuarina quadrivalvis ,* par Labillardière ,
croît dans l'île de Van-Diemen jusqu'au
quarante-troisième parallèle austral.

²³ Les arbres résineux , p. 43.

J'ai été témoin de l'impression singulière
qu'une forêt de sapins du Mexique produi-

sit sur un jeune homme, qui, né sous l'é-
quateur, n'avait jamais vu ce que les botanistes appellent des feuilles acéreuses.
Tous ces arbres lui semblèrent être dé-
garnis de feuilles, et il croyait, dans cette
contraction extrême du parenchyme, reconnaître l'influence du voisinage du pôle.
Si dans les régions de la zone torride, le
sol ne s'élevait pas quelquefois à 1,000
ou à 1,500 toises au-dessus du niveau
de la mer, cette forme d'arbres y serait
entièrement inconnue, au moins dans le
voisinage de l'équateur. Le *pinus longi-
folia* des Indes-Orientales, et le *pinus
dammara* d'Amboine, sont, à la vérité,
des arbres des tropiques, mais ils ne croissent que sur de hautes montagnes. Dans
toute l'Amérique du sud, située dans la
zone torride, je n'ai pu, malgré la hauteur
des Andes, découvrir une seule espèce de

pin. Nous trouvâmes, dans les Andes de Quindiu, un arbre à feuilles acéreuses ; c'était le *podocarpus taxifolia* de Kunth, décrit à tort par Wildenow comme un if[*]. Existe-t-il en général des sapins ou des pins dans l'Amérique du sud, par exemple, au Chili, dans les provinces de Buenos-Ayres, et dans le voisinage du détroit de Magellan? Au Chili et au Brésil, l'*araucaria imbricata* représente la forme des arbres résineux. Quant aux limites supérieures et inférieures du pin du Mexique, qui paraît ne pas différer du *pinus occidentalis* de Swartz, voyez Humboldt, Bonpland et Kunth, *Nova genera* et *Species Plantarum œquinoctialium*, T. II, p. 97. Dans l'île de Pinos, au sud de Cuba,

---

[*] Wildenow, *Species Plantarum*, T. IV, part. II, p. 857.

un arbre voisin du *pinus occidentalis* croît
dans la même plaine avec l'acajou (*Swietenia Mahogony*) : phénomène singulier
qu'on pourrait expliquer par le voisinage
et la configuration du continent de l'Amérique septentrionale, et par la fraîcheur
que répandent souvent dans l'atmosphère
les tempêtes venant du nord , si on ne le
retrouvait pas sur la côte orientale de Guatemala.

24 Les Aroïdes, p. 44.

Ces végétaux appartiennent plutôt au
nouveau continent qu'à l'ancien. Le *ca-
ladium* et le *pothos* n'habitent que la zone
torride, mais l'*arum* appartient plus spé-
cialement aux zones tempérées. En Afrique, on n'a pas encore rencontré de *pothos*
ni de *dracontium*. Dans les Indes-Orien-

tales, on trouve le *pothos scandens* et le
P. pinnata, dont la physionomie est moins
belle, et la végétation moins vigoureuse
que celles des *pothos* d'Amérique. L'A-
frique, autant que nous la connaissons ,
ne produit que deux espèces d'*arum* ,
l'*A. colocasia* et l'*A. arisarum*. C'est aussi
de cette région qu'est indigène le *cala-
dium*, espèce unique (*culcasia scandens*)
que M. Beauvois a découverte dans le
royaume de Benin *. Dans les Aroïdes ,
le parenchyme prend quelquefois tant
d'extension, que la surface des feuilles
est percée comme dans le *dracontium per-
tusum*.

²⁵ Les lianes, p. 44.

Suivant la nouvelle division des Bau-

_____

* *Flore d'Oware*, p. 4, pl. 3.

hiniées de M. Kunth, le genre bauhinia
appartient au Nouveau Monde. Le *bauhinia rubescens* de Lamarck, qui croît en
Afrique, est un *pauletia*. Les banniste-
riées sont aussi une forme propre à l'A-
mérique : deux espèces croissent dans les
Indes - Orientales; une autre, décrite par
Cavanille sous le nom de *bannistéria leona*,
est indigène de l'Afrique occidentale.

26 Les aloès, p. 45.

C'est à cette famille qu'appartiennent
l'*yucca aloefolia* et l'*yucca gloriosa*, deux
espèces qui s'avancent dans le nord jusqu'en Caroline; l'*aletris arborea*, le dragonier (*dracæna draco*), le *D. indivisa* et
le *D. australis*, ces deux dernières espèces sont de la Nouvelle Zélande, et
l'*aloe dichotoma*. Ce dernier, le koker-

boem des Hollandais, dont la tige a vingt
pieds de haut , quatre de grosseur, et
une couronne de feuilles, dont la circonférence est souvent de quatre cents pieds,
est décrit dans le voyage de Paterson dans
le pays des Hottentots *. C'est aussi ici que
je ferai mention de ce singulier végétal , le
doryanthes excelsa du New-South-wales ,
qui ressemble à l'agave , a une tige très
haute, et dont M. Correa de Serra a donné
la description. Les palmiers , les aloès et
les grandes fougères ont une physionomie
commune par la nudité des troncs et leur
denûment de branches, quoique leur caractère naturel soit différent.

Le *selinum decipiens ,* qui vient peut-

----

* *Voyage de Patterson chez les Hottentots , en*
1790.

être du nord de l'Asie, a quelquefois douze pieds de haut. Il appartient à un groupe particulier d'ombellifères arborescentes, d'une forme extraordinaire, auquel, avec le temps, viendront se réunir des végétaux qui restent encore à découvrir dans le nord de l'ancien continent. Ce groupe se rapproche en quelque sorte des fougères arborescentes.

27 Les graminées, p. 46.

Les graminées arborescentes sont en général rares ; nous n'en connaissons qu'un petit nombre, tels que le *bambou*, les *guadua*, *ludolfia*, *miegia*, le *panicum arborescens*. Des bosquets de bambous sont disséminés dans toutes les régions de la zone torride. Sur les montagnes, ils atteignent jusqu'à 700 toises au-dessus de la mer.

Les fougères arborescentes se trouvent
dans l'hémisphère boréal, jusque sous le
33ᵉ parallèle, et dans l'hémisphère austral
jusque sous le 42ᵉ. Il est singulier que,
dans les deux hémisphères, ce soient les
dicksonia qui s'approchent le plus de l'é-
quateur. L'un, le *dicksonia culcita*, se
trouve à Madère; et l'autre, le *dicksonia
antactica*, dont les tiges ont dix-huit pieds
de haut, dans l'île Van-Diemen.

C'est surtout l'Afrique qui est la patrie
de ces végétaux ; c'est là qu'on en voit
la plus grande diversité, qu'elles forment
de grandes masses, et déterminent la phy-

sionomie du pays. Le nouveau continent possède les superbes genres des *alstrœmeria*, des *vellosia*, des *crinum* et des *pancratium*. Nous avons enrichi celui-ci de trois nouvelles espèces, les *pancratium undulatum*, *incarnatum* et *aurantiacum*. Mais ces liliacées d'Amérique sont dispersées, et vivent moins en société que nos iris d'Europe.

³⁰ La forme des saules, p. 48.

On connaît déja 242 espèces du genre principal, qui a donné le nom à cette forme. Ils couvrent la surface de la terre, de l'équateur à la Laponie. Leur nombre et la variété de leur extérieur augmentent depuis le 46ᵉ jusqu'au 70ᵉ degré de latitude boréale, surtout dans les contrées du nord de l'Europe, sillonées d'une ma-

nière si surprenante par les antiques révolutions du globe. Déja les tropiques
offrent au moins huit espèces de saules,
le *salix tetra-sperma* de Roxburg, qui
croît à la côte de Coromandel ; deux espèces du Pérou, et cinq du Mexique.
Peut-être le *salix mucronata* du cap de
Bonne-Espérance s'avance-t-il jusqu'au
tropique du capricorne ? On n'a pas encore trouvé de saules dans les îles du
Grand-Océan.

[51] Les myrthes, p. 49.

Ces végétaux se distinguent par une
forme délicate et par leurs feuilles roides,
luisantes, très serrées, et ordinairement
petites. Les myrthes donnent un caractère particulier à trois régions du monde :
1° à l'Europe méridionale, et surtout aux

îles composées de roche calcaire qui s'é-
lèvent du fond de la mer Méditerranée.
2° Au continent de la Nouvelle-Hollande,
qui est orné d'*eucalyptus* , de *metroside-*
ros et de *leptospermum*. 3° A une contrée
élevée de 9,000 a 10,000 pieds au-dessus du niveau de la mer , au milieu de la
zone torride : c'est-à-dire à la haute contrée des Andes. Ce pays montueux nommé Paramo , dans la province de Quito , et
Puna , au Pérou , est entièrement couvert
d'arbres qui ont le port du myrthe. C'est
à cette élévation que croissent les *escal-*
lonia myrtilloïdes et *tubar* , le *symplocos*
alstonia, de nouvelles espèces de *myrica*,
et le joli *myrtus microphylla* que nous
avons décrit dans le premier volume de
nos *Plantes équinoxiales*, p. 21, pl. 4.

II.   10

[32] Les Melastomees, p. 49

C'est à cette famille qu'appartiennent les genres melastoma (le fothergilla et le tococa d'Aublet) rexia, meriana, osbeckia. **Voyez** notre *Monographie des melastomes et autres genres du même ordre.*

[33] La forme des lauriers, 49.

On en voit des exemples dans le laurier, le mammea, le calophyllum; cette forme appartient à la zone torride et aux zones tempérées jusqu'au 38ᵉ et 40ᵉ degrés de latitude boréale. Entre les tropiques, les lau·riers sont des plantes alpines, comme on le voit par les *laurus alpigena, exaltata, triandra, coriacea, membranacea, patens, floribunda, persea, ferruginea, ocotea,*

latifolia, et autres décrits par Swartz,
Bonpland et moi.

⁵⁴ Le Gustavia, p. 51.

Dans plusieurs espèces de chupo ou
gustavia, de *cynometra* et de *theobroma*,
les parties délicates de la fructification
naissent de l'écorce à moitié réduite en
charbon. L'*omphalocarpon procerum*, singulier arbre d'Afrique, que M. de Beauvois
a trouvé dans le Benin, présente le même
phénomène.

⁵⁵ Couvriraient un espace immense, p. 52.

Un voyageur français, M. le comte
de Clarac, qui alla au Brésil en 1816, a
su rendre avec une exactitude étonnante
la sauvage abondance de la nature des

tropiques. Son beau dessin d'une *Forêt vierge du Brésil*, est un admirable tableau qui me rappelle les plus douces impressions de mon voyage à l'Orénoque ; rien n'est comparable au sentiment de vérité avec lequel M. de Clarac a su tracer sur le papier ces formes majestueuses et si variées de la zone torride. Daniels, dans les *Vues de l'Inde*, a quelquefois eu ce sentiment ; mais il reste sur la lisière des forêts, tandis que M. de Clarac y fait pénétrer le spectateur, qui s'y arrête avec plaisir. Cette composition magnifique, dont la gravure a parfaitement réussi, montre à tous les yeux ce que je me suis efforcé de décrire.

---

[56] S'en couvrent la tête, etc., p. 55.

Les plus grandes fleurs qu'on connnaisse

après celles de l'hélianthus, sont celles de
l'aristoloche, des datura, des barringtonia,
des carolinea, des nélumbium, des gustavia, des lecythis, des lisianthus, des ma-
gnolia et des liliacées ; mais toutes ces
fleurs le cèdent à celles du *Rafflesia*, la
seule espèce de ce genre, nommée en hon-
neur de feu sir Thomas Stamford Raffles,
à qui l'on doit une *Histoire de Java*, et
d'autres ouvrages utiles sur les Iudes, est
celle qui a été décrite sous le nom de *Ti-*
tan, à cause des dimensions prodigieuses
de ses fleurs. Cette plante croît dans les
forêts de l'intérieur de Sumatra, où elle
fut découverte par sir Th. St. Raffles, durant un voyage qu'il fit dans cette île, en
1818. C'est un végétal parasite qui pousse
sur les tiges basses et les racines du *cissus*
angustifolia de Roxburgh. Le bouton de
la fleur, avant de s'épanouir, a près d'un

pied de diamètre ; sa couleur est d'un rouge sombre et foncé. Entièrement développée, la fleur est, sous le rapport de la dimension, le miracle du règne végétal ; sa largeur, du sommet d'un pétale au sommet du pétale opposé, a bien près de trois pieds ; la cavité que forme la corolle intérieure ou plutôt le calice, pourrait contenir une douzaine de pintes d'eau, le tout pèse douze à quinze livres. L'intérieur du calice est d'un violet foncé ; mais vers son ouverture, il est parsemé de nombreuses taches blanches ; les pétales sont de couleur de brique rouge : toute la substance de la fleur n'a pas moins d'un demi-pouce d'épaisseur, et est d'une consistance ferme et charnue. Peu de temps après son épanouissement, elle répand une odeur de matière animale qui commence à se décomposer.

Les feuilles de plusieurs palmiers des
Indes présentent également des dimensions gigantesques : celles du *corypha um-
braculifera*, nommé *talipot* à Ceylan,
sont sous ce rapport les plus remarquables ; elles sont si grandes, qu'une seule
peut mettre quinze ou vingt hommes à
l'abri du soleil et de la pluie. On en voit
une, encore jeune, que l'on conserve dans
une des salles du Muséum d'Histoire Naturelle de Paris.

En 1826, on apporta de Ceylan en Angleterre une feuille de talipot dont les
dimensions furent regardées comme extraordinaires. Cette feuille, très bien conservée, a onze pieds de longueur depuis
son pétiole jusqu'à l'extrémité opposée,
seize pieds dans sa plus grande largeur,
et de trente-huit à quarante pieds de cir-

conférence; elle se déploie comme un dais, et suffit pour mettre à l'abri des rayons du soleil une réunion de six personnes assises autour d'une table.

A Ceylan et dans tous les pays où croît le talipot, on se sert de ses feuilles comme de parasol; même étant sèches, elles peuvent se plier comme un éventail. On en fait des tentes, on en couvre les maisons; enfin on les fend et on les coupe en lames alongées, sur lesquelles on écrit avec un stylet de fer.

⁵⁷ La voûte du ciel, p. 54.

La plus belle partie de l'hémisphère céleste austral, qui comprend le Centaure, le vaisseau Argo et la Croix méridionale, est toujours cachée aux habitans de l'Eu-

rope. Ce n'est que sous l'équateur qu'on
jouit du coup-d'œil unique et magnifique
de voir en même temps toutes les étoiles
des deux hémisphères célestes. Quelques-
unes de nos constellations septentrionales,
telles que la grande et la petite ourse, y
paraissent, à cause de leur abaissement à
l'horizon, d'une grosseur étonnante et
presque effrayante. L'habitant des tropiques voit toutes les étoiles, et la nature l'a
aussi entouré de toutes les formes de végétaux connues.

SUR LA STRUCTURE ET L'ACTION

DES VOLCANS

DANS LES DIFFÉRENTES RÉGIONS

DE LA TERRE.

LA STRUCTURE ET L'ACTION

DES VOLCANS

DANS LES DIFFÉRENTES RÉGIONS

DE LA TERRE.

QUAND on réfléchit à l'influence que ,
depuis des siècles, les progrès de la géographie et les voyages scientifiques entre-
pris dans des régions lointaines, ont exercé
sur l'étude de la nature , on ne tarde pas
à reconnaître combien cette influence a
été différente , suivant que les recherches
ont été dirigées sur les formes du monde

organique, ou sur la masse inanimée de la
terre, sur la connaissance des roches, sur
leur âge relatif, et leur origine. Des formes
différentes de plantes et d'animaux vivi-
fient la surface de la terre dans chaque zone;
n'importe que la chaleur de l'atmosphère
change, soit d'après la latitude géographique ou les courbes nombreuses des lignes
isothermes, dans les plaines unies comme
la surface de la mer, soit presque verticalement sur les pentes rapides des chaînes de
montagnes. La nature organique donne à
chaque région de la terre la physionomie
particulière qui la caractérise. Il n'en est
pas de même de la nature inorganique
dans les lieux où l'enveloppe solide de la
terre est dépouillée de végétaux. Les mêmes espèces de roche, s'attirant et se re-
poussant par groupes, se montrent dans
les deux hémisphères, depuis l'équateur

jusqu'aux pôles. Dans une île éloignée,
entourée de plantes étrangères, sous un
ciel où ne resplendissent plus les étoiles
auxquelles son œil est accoutumé, le navigateur reconnaît souvent avec joie le
schiste argileux de sa patrie et les roches
qu'il était habitué à y voir.

Cette indépendance de la constitution
actuelle des climats, propre à la nature
inorganique, ne diminue pas l'influence
bienfaisante que des observations nombreuses faites dans des contrées lointaines,
exercent sur les progrès de la géognosie;
seulement elle leur donne une direction
particulière. Chaque expédition enrichit
l'histoire naturelle d'espèces nouvelles
d'animaux et de plantes. Tantôt ce sont
des formes organiques qui se rattachent
à des types connus depuis long-temps,

et qui nous présentent , dans sa perfection primitive , le réseau régulièrement
tissu et souvent interrompu en apparence
des formes naturelles animées. Tantôt ce
sont des formes qui se présentent isolées
comme les restes de races éteintes , tantôt
des membres de groupes non encore découverts. L'examen de l'enveloppe solide
ne nous développe pas une telle diversité. Au contraire elle nous révèle , dans
les parties constituantes , dans le gise-
ment, et dans le retour périodique des
différentes masses, une ressemblance qui
excite l'étonnement du géognoste. Dans la
chaîne des Andes, de même que dans les
montagnes centrales de l'Europe, une formation semble, pour ainsi dire , en appeler une autre. Des masses de même nom
prennent des formes semblables : le basalte et la dolérite composent les monta-

gnes jumelles ; la dolomie, le grès blanc
et le porphyre forment des masses escarpées ; le trachyte vitreux et riche
en feldspath, s'élève en cloches et en
dômes. Dans les zones les plus éloignées,
de gros cristaux se séparent semblablement de la texture compacte de la masse
primitive, comme par un développement
intérieur, s'agroupent les uns aux autres, se montrent comme des couches sub-
ordonnées, et annoncent souvent le voisinage de nouvelles formations indépen-
dantes. C'est ainsi que tout le monde organique se représente plus ou moins évi-
demment dans chaque montagne d'une
étendue considérable ; cependant, pour
connaître parfaitement les phénomènes les
plus importans de la composition, de l'âge
relatif et de l'origine des formations, il
faut comparer entre elles les observations

II.   11

faites dans les contrées les plus éloignées
les unes des autres. Des problèmes qui ont
paru long-temps énigmatiques au géognoste habitant du nord, trouvent leur
solution près de l'équateur. Si, comme on
l'a observé plus haut, les zones lointaines
ne nous fournissent pas de nouvelles formations, c'est-à-dire des groupes incon-
nus de substances simples, elles nous apprennent, en revanche ; à expliquer les
lois uniformes de la nature, selon que les
divers strates se supportent mutuellement,
se pénètrent sous forme de filet, ou se sou-
lèvent en obéissant à des forces élastiques.

Si nos connaissances géognostiques tirent une grande utilité de recherches qui
embrassent de vastes étendues de pays, on
ne doit pas être surpris de ce que la classe
de phénomènes, qui est l'objet principal

de ce mémoire, n'ait été pendant très
long-temps examinée que d'une manière
incomplète, parce que les points de comparaison sont très difficiles, et on pourrait
même dire pénibles à trouver. Jusqu'à la
fin du dix-huitième siècle, tout ce que
l'on savait de la forme des volcans, et de
l'action de leurs forces souterraines, était
pris de deux montagnes de l'Italie méridionale, le Vésuve et l'Etna. Le premier
étant le plus accessible, et, comme tous
les volcans peu élevés, ayant des éruptions plus fréquentes, une colline est en
quelque sorte devenue le type d'après lequel on se figurait tout un monde lointain, les puissans volcans du Mexique,
de l'Amérique méridionale et des îles de
l'Asie, disposés d'après des lignes faciles
à reconnaître. Cette manière de raisonner
devait rappeler naturellement le berger

de Virgile, qui, dans son humble cabane, croyait voir l'image de la *ville éternelle*.

Un examen attentif de toute la mer Méditerranée, notamment de ses îles et de ses côtes orientales, où le genre humain a commencé à s'élever vers la culture intellectuelle et les sentimens généreux, pouvait cependant reformer cette manière incomplète d'étudier la nature. Entre les Sporades, des rochers de trachyte se sont élevés du fond de la mer, et ont formé des îles, semblables à cette île des Açores, qui, dans un espace de trois siècles, s'est montrée périodiquement à des intervalles presque égaux. Entre Épidaure et Trézène, près de Methrone, dans le Péloponèse, se trouve un Monte-Nuovo, décrit par Strabon, et revu par Dodwel : il est plus haut que le Monte-Nuovo des champs

Phlégréens, près de Baies ; peut-être même
plus haut que le nouveau volcan de Jo-
rallo, dans les plaines du Mexique, que
j'ai trouvé environné de plusieurs milliers
de petits cônes basaltiques sortis de terre
et encore fumans. Dans le bassin de la Méditerranée, le feu volcanique s'échappe
non-seulement de cratères permanens, de
montagnes isolées qui ont une communication constante avec l'intérieur de la
terre, comme Stromboli, le Vésuve et
l'Etna ; à Ischia, sur le mont Épomée,
et, suivant les récits des anciens, dans la
plaine de Lelantis, près de Chalcis, des
laves ont coulé de fentes qui se sont ouvertes tout à coup à la surface de la terre.

Indépendamment de ces phénomènes
qui appartiennent aux temps historiques,
au domaine étroit des traditions certaines,

les côtes de la Méditerranée renferment
le nombreux restes de plus anciens effets
de l'action du feu. La France méridionale
nous montre , en Auvergne , un système
particulier et complet de volcans disposés
par alignemens , des cloches de trachyte ,
alternant avec des cônes terminés en cratère, desquels des torrens de lave ont coulé
par bandes étroites. La plaine de Lombardie, qui, unie comme la surface des eaux,
forme le golfe le plus reculé de la mer
Adriatique , entoure le trachyte des collines Euganéennes , où s'élèvent des dômes de trachyte grenu, d'obsidienne et de
perlite; trois masses qui naissent les unes
des autres, qui ont fait leur éruption à
travers le calaire jurassique rempli de
silex pyromaques , mais qui n'ont jamais
coulé en torrens étroits. De semblables
témoins d'anciennes révolutions de la terre

se retrouvent dans plusieurs parties du
continent de la Grèce et de l'Asie - Mi-
neure, pays qui offriront un jour de riches
matériaux aux recherches du géognoste,
quand la lumière sera retournée vers ces
contrées d'où elle a commencé à luire sur
l'occident, quand l'humanité outragée ne
gémira plus sous la sauvage barbarie des
Ottomans.

Je rappelle la proximité géographique
de ces nombreux phénomènes, pour faire
voir que le bassin de la Méditerranée avec
ses îles pouvait offrir à l'observateur attentif tout ce qui a été découvert récemment sous des formes diverses dans l'A-
mérique méridionale, à Ténériffe, ou dans
les îles Aléontiennes, près des régions polaires. Les objets à observer étaient réunis; mais des voyages dans des climats

lointains, des comparaisons de vastes régions en Europe et hors d'Europe, étaient
nécessaires pour reconnaître clairement
la ressemblance des phénomènes volcaniques entre eux, et leur dépendance les
uns des autres.

Le langage habituel qui souvent donne
la consistance et la durée aux idées nées
de la manière erronée de voir les choses, mais qui souvent aussi indique par
instinct la vérité; le langage habituel,
dis-je, nomme volcaniques toutes les
éruptions de feux souterrains et de substances fondues; les colonnes de fumée et
de vapeur qui s'élèvent du sein de rochers, comme à Colarès, après le grand
tremblement de terre de Lisbonne; les
salses ou cônes argileux qui vomissent de
la boue humide, de l'asphalte et de l'hy-

drogène, comme à Girgenti, en Sicile,
et à Turbaco, dans l'Amérique méridionale ; les sources chaudes du Géiser, qui,
comprimées par des vapeurs élastiques,
s'élancent à une très grande hauteur ; en
un mot enfin tous les effets des forces puis-
santes de la nature, qui ont leur siège dans
l'intérieur de notre planète. Dans l'Amérique moyenne ou dans le pays de Guatèmala, et dans les îles Philippines, les indigènes font une différence essentielle entre les volcans d'eau et les volcans de feu
(*volcanes de agua y de fuego.*) Par le
premier nom, ils désignent les montagnes
desquelles, dans les violens tremblemens
de terre et avec un craquement sourd,
sortent de temps en temps des eaux souterraines.

Sans nier la connexion des phénomènes

dont il vient d'être question, il paraît cependant convenable de donner une langue
plus précise à la partie physique et oryc-
tognostique de la géognosie, afin de ne pas
appliquer le nom de volcan, tantôt à une
montagne qui se termine par une four-
naise permanente, tantôt à chaque cause
souterraine des phénomènes volcaniques.
Dans l'état actuel du globe terrestre, la
forme la plus ordinaire des volcans, dans
toutes les parties du monde, est celle
d'une montagne conique isolée, comme le
Vésuve, l'Etna, le pic de Teyde, le Tunguragua et le Cotopaxi. Je les ai observés
s'élevant depuis la dimension des collines
les plus basses, jusqu'à 17,700 pieds au-
dessus du niveau de la mer; mais auprès
de ces montagnes coniques, on trouve
aussi des ouvertures permanentes, des
communications constantes avec l'inté-

rieur de la terre sur de longues chaînes à
dos haché, non au milieu de leur sommet
en forme de mur, mais à leur extrémité,
et près de la pente. Tel est le Pichincha,
qui s'élève entre le grand Océan et la ville
de Quito, et que les formules barométriques de Bouguer ont depuis long-temps
rendu célèbre ; tels sont les volcans qui do-
minent sur la steppe de los Pastos, haute
de 10,000 pieds. Tous ces sommets de formes diverses, sont composés de trachyte,
nommé autrefois porphyre trappéen, roche grenue, fendillée, formée de feldspath vitreux et d'amphibole, et à laquelle
le pyroxène, le mica, le feldspath feuil-
leté et le quartz ne sont pas étrangers.
Dans les lieux où les témoins de la première éruption, je pourrais dire de l'ancien échafaudage volcanique, se sont conservés en entier, la montagne conique

isolée est entourée, en forme de cirque,
d'un grand mur construit de couches ro-
cheuses, superposées les unes aux autres.
Ces murs ou circonvallations sont les restes
de cratères, de soulèvemens, phénomène
digne d'attention, sur lequel le premier
géognoste de notre temps, M. Léopold de
Buch, aux écrits duquel j'emprunte plusieurs idées exposées dans ce Mémoire, a
présenté, il y a trois ans, des vues si
intéressantes.

Les volcans qui, communiquent avec
l'atmosphère par des ouvertures permanentes, les cônes basaltiques ou les dômes
de trachyte, dépourvus de cratère, tantôt bas comme le Sarcouy, tantôt élevés
comme le Chimborazo, forment des groupes divers. La géographie comparée nous
montre, d'un côté, de petits archipels, et

des systèmes entiers de montagnes volcaniques ayant leurs cratères et leurs courans de lave, comme les îles Canaries et
les Açores ; de l'autre, des monts sans
cratère et sans courans de lave proprement
dit, comme les Euganéens et les Sept-
Montagnes de Bonn ; ailleurs elle nous
montre des volcans disposés par lignes
simples ou doubles, et se prolongeant à
plusieurs centaines de lieues, tantôt paral-
lèlement à l'axe de la chaîne, comme dans
le Guatèmala, le Pérou, et Java ; tantôt
la coupant perpendiculairement, comme
dans le pays des Aztèques, où des
monts de trachyte, qui vomissent du
feu, atteignent seuls à la hauteur des
neiges perpétuelles; et sont vraisemblablement placés sur une crevasse qui traverse tout le continent sur une longueur
de 105 lieues géographiques, depuis le

grand Océan , jusqu'à l'Océan Atlantique.

Cette réunion des volcans , soit par
groupes isolés et arrondis, soit par bandes
longitudinales , démontre de la manière
la plus décisive que les effets volcaniques
ne dépendent pas de petites causes voisines
de la surface de la terre, mais sont des
phénomènes dont l'origine se trouve a
une grande profondeur dans l'intérieur
du globe. Toute la partie orientale du
continent américain, pauvre en métaux,
est, dans son état actuel, sans montagne
ignivome , sans masses de trachyte, probablement même sans basalte, avec olivine. Tous les volcans d'Amérique sont
réunis dans la chaîne des Andes, qui est
située dans la partie de ce continent opposé à l'Asie, et qui s'étend , dans le sens

des méridiens, sur une longueur de
1,800 lieues. Tout le plateau de Quito,
dont le Pichincha, le Cotopaxi et le
Tunguragua forment les cimes, est un
seul foyer volcanique. Le feu souterrain
s'échappe tantôt par l'une, tantôt par
l'autre de ces ouvertures, que l'on s'est
accoutumé à regarder comme des volcans particuliers. La marche progressive du feu y est, depuis trois siècles,
dirigée du nord au sud. Les tremblemens
de terre même, qui causent des ravages
si terribles dans cette partie du monde,
offrent des preuves remarquables de
l'existence de communications souterraines, non-seulement avec des pays dépourvus de volcans, fait connu depuis
long-temps, mais aussi entre des montagnes ignivomes, qui sont très éloignées
les unes des autres. C'est ainsi qu'en 1797

le volcan de Pasto, à l'est du cours du
Guaytara, vomit continuellement, pendant trois mois, une haute colonne de
fumée. Cette colonne disparut à l'instant
même où, à une distance de soixante
lieues, le grand tremblement de terre de
Riobamba, et l'éruption boueuse de la
Moya, firent perdre la vie à près de
quarante mille Indiens. L'apparition sou-
daine de l'île Sabrina, dans l'est des Açores,
le 30 janvier 1811, fut l'annonce de l'é-
pouvantable tremblement de terre, qui,
bien plus loin, à l'ouest, depuis le mois
de mai 1811 jusqu'en juin 1812, ébranla,
presque sans interruption, d'abord les Antilles, ensuite les plaines de l'Ohio et du
Mississipi ; enfin les côtes de Venezuela,
situées du côté opposé. Trente jours après
la destruction totale de la ville Caracas,
arriva l'explosion du volcan de Saint-Vin-

cent, île des Petites-Antilles, éloignée
de 130 lieues de la contrée où s'élevait
cette cité. Au même moment où cette
éruption avait lieu le 30 avril 1811, un
bruit souterrain se fit entendre, et répandit l'effroi dans toute l'étendue d'un
pays de 2,200 lieues carrées. Les habitans
des rives de l'Apuré, au confluent du
Rio-Nula, de même que ceux de la côte
maritime, comparèrent ce bruit à celui
que produit la décharge de grosses pièces
d'artillerie. Or, depuis le confluent du
Rio-Nula et de l'Apuré, par lequel je suis
arrivé dans l'Orénoque, jusqu'au volcan
de Saint-Vincent, on compte 157 lieues
en ligne droite. Ce bruit, qui certainement ne se propageait point par l'air,
doit avoir eu sa cause bien avant dans le
fond de la terre. Son intensité était à
peine plus considérable sur les côtes de

II. 12

la mer des Antilles, près du volcan en
éruption, que dans l'intérieur du pays.

Il serait inutile d'augmenter le nombre
de ces exemples ; mais afin de rappeler
un phénomène qui, pour l'Europe, a ac-
quis une importance historique, je me bor-
nerai à citer le fameux tremblement de
terre de Lisbonne. Il arriva le 1ᵉʳ novem-
bre 1755 ; non-seulement les eaux des lacs
de Suisse et de la mer, sur les côtes de
Suède, furent violemment agitées, mais
aussi celles de la mer autour des Antilles-
Orientales. A la Martinique, à Antigoa,
à la Barbade, où la marée ne s'élève pas
ordinairement à plus de dix-huit pouces,
elle monta brusquement à vingt pieds.
Tous ces phénomènes prouvent que les
forces souterraines se manifestent, soit
dynamiquement en s'étendant et en ébran-

lant par les tremblemens de terre, soit
en produisant et en opérant chimique-
ment des changemens, par les éruptions
volcaniques : ils démontrent aussi que ces
forces agissent, non pas superficiellement
dans l'enveloppe supérieure de la terre,
mais à des profondeurs immenses dans
l'intérieur de notre planète ; par des crevasses et des filons non remplis, qui con-
duisent aux points de la surface de la terre
les plus éloignés.

Plus la structure des volcans, c'est-à-
dire des élévations qui entourent le canal
par lequel les masses fondues de l'intérieur du globe parviennent à sa surface,
offre de diversités, plus il est important
de soumettre cette structure à des mesures
exactes. L'intérêt de ces mesures qui,
dans une autre partie du monde, ont été

l'objet de mes recherches, s'accroît si l'on
considère que la grandeur à mesurer est
variable dans plusieurs points. L'étude
philosophique de la nature s'est appliquée,
dans la vicissitude des phénomènes, à
rattacher le présent au passé. Pour établir un retour périodique ou fixer les lois
de phénomènes progressifs et variables,
on a besoin de quelques points de départ
bien fixes, d'observations faites avec soin,
et qui, liées à des époques déterminées,
puissent fournir des comparaisons numé-
riques. Si seulement, de mille en mille
ans, on avait pu déterminer la température moyenne de l'atmosphère et de la
terre sous différentes latitudes, ou la hauteur moyenne du baromètre sur le bord
de la mer, nous saurions dans quel rapport
la chaleur des climats a augmenté ou diminué, et si la hauteur de l'atmosphère a

subi des changemens. On a besoin de ces
points de comparaison pour la déclinai-
son et l'inclinaison de l'aiguille aimantée,
ainsi que pour l'intensité des forces élec-
tro-magnétiques. Si c'est une occupation
louable pour les sociétés savantes de suivre
avec persévérance les vicissitudes cosmi-
ques de la chaleur, de la pression de
l'air, de la direction et de la tension ma-
gnétiques ; en revanche, il est du devoir
du géognoste, en déterminant les inégalités de la surface de la terre, de prendre en considération le changement de
hauteur des volcans. Ce que j'avais essayé
dans le temps, dans les montagnes du
Mexique, au Toluca, au Nauhampute-
petl et au Jorullo ; dans les Andes de
Quito au Pichincha, j'ai eu l'occasion, depuis mon retour en Europe, de le répéter
plusieurs fois au Vésuve.

En 1773, Saussure avait mesuré cette montagne à une époque où les deux bords du cratère, celui du nord-ouest et celui du sud-est, lui parurent de hauteur égale. Il trouva leur élévation de 609 toises au-dessus du niveau de la mer. L'éruption de 1794 a occasioné un écroulement dans le sud et une inégalité des bords du cratère que l'œil le moins exercé distingue à une distance considérable. En 1805, M. de Buch, M. Gay-Lussac et moi, nous mesurâmes trois fois le Vésuve. Le résultat de nos opérations nous fit voir que la hauteur du bord septentrional, la Rocca del Palo, qui est vis à-vis de la Somma, s'accordait avec la mesure de Saussure, mais que le bord méridional était de 75 toises plus bas qu'en 1773. L'élévation totale du volcan, vers la Torre del Grèco, côté vers lequel le feu, depuis trente ans, dirige

principalement son action, avait diminué
d'un huitièmè. Le cône de cendres est à la
hauteur totale de la montagne, sur le Vésuve, dans le rapport de un à trois; sur
le Pichincha, comme un à dix; sur le
pic de Ténériffe, comme un à vingt-deux.
Le Vésuve a donc proportionnellement le
cône de cendres le plus haut, vraisemblablement parce que, comme volcan peu
élevé, il a agi principalement par son
sommet. J'ai réussi récemment non-seulement à répéter sur le Vésuve mes précédentes mesures barométriques, mais
aussi, dans trois ascensions sur cette montagne, à prendre une détermination complète de tous les bords du cratère. Ce travail mérite peut-être quelque intérêt, parce
qu'il embrasse l'époque des grandes éruptions de 1805 à 1822, et parce qu'il est
peut-être la seule mesure d'un volcan,

comparable dans toutes ses parties, que
l'on ait publiée jusqu'à présent; elle fait
voir que les bords du cratère, non-
seulement dans les endroits où, comme
au pic de Ténériffe et dans tous les volcans de la chaîne des Andes, ils sont
composés visiblement de trachyte, mais
aussi partout ailleurs, sont un phénomène
beaucoup plus constant qu'on ne l'avait
cru précédemment, d'après des observations faites rapidement. De simples angles
de hauteur, déterminés du même point,
conviennent beaucoup mieux à ces recherches que des mesures trigonométriques et barométriques d'ailleurs bien com·
plètes. D'après mes dernières déterminations, le bord nord-ouest du Vésuve ne
s'est peut-être pas abaissé depuis Saussure,
par conséquent depuis quarante-neuf ans,
et le bord du sud-est, du côté de Bosche

Tre Case, qui, en 1794, était de 400 pieds
plus bas que le précédent, a éprouvé une
diminution de 10 toises.

Si les feuilles publiques, en décrivant
les grandes éruptions , racontent très
fréquemment que la forme du Vésuve
a totalement changé, et si ces assertions
sont confirmées par les vues pittoresques de cette montagne que l'on dessine
à Naples, la cause de l'erreur vient de
ce que l'on confond le contour des bords
du cratère avec les contours des monceaux de scories qui se forment acciden-
tellement dans le centre du cratère, sur
le sol de la bouche ignivome , soulevé
par des vapeurs. Un de ces monceaux,
composé de rapilli et de scories entassés,
était, en 1816 et 1818, devenu graduellement visible au-dessus du bord sud-est du

cratère. L'éruption du mois de février 1822 l'avait grandi à un tel point, qu'il dépassait même de 100 à 110 pieds la Rocca del Palo, ou le bord nord-ouest du cratère. Dans la dernière éruption, le cône remarquable que l'on était habitué à Naples à regarder comme le sommet véritable du Vésuve, s'est écroulé dans la nuit du 22 octobre, avec un fracas terrible; de sorte que le sol du cratère qui, depuis 1811, était constamment accessible, est actuellement 750 pieds plus bas que le bord septentrional du volcan, et 200 pieds plus bas que le méridional. La forme variable et la position relative des cônes d'éruption, dont on ne doit pas, comme il arrive si souvent, confondre les ouvertures avec le cratère du volcan, donne au Vésuve, à des époques différentes, une physionomie particulière, et l'historio-

graphe de ce volcan pourrait, d'après les
contours de la cime et d'après le simple
aspect des paysages peints par Hackert,
qui sont à Portici, suivant que le côté
septentrional ou méridional de la montagne est représenté plus haut ou plus
bas, deviner l'année dans laquelle l'artiste
a fait le dessin qui lui a servi à composer
son tableau.

Un jour après que le cône de scories,
haut de 400 pieds, se fut écroulé, lorsque
déja de petits, mais nombreux torrens
de lave, avaient coulé, dans la nuit du
23 au 24 octobre, commença l'éruption
lumineuse des cendres et des rapilli. Elle
dura douze jours sans interruption; mais
sa force fut plus grande dans les quatre
premiers. Durant ce temps, les détonations
dans l'intérieur du volcan furent si vio-

lentes, que le simple ébranlement de l'air
(car on ne s'est pas aperçu de commotion
de la terre), fit crevasser les plafonds des
appartemens du palais de Portici. Les villages de Résina, Torre-del-Greco, Torre-
dell-Anunziata, et Bosche-Tre-Case, voisins du Vésuve, furent témoins d'un phénomène remarquable. L'atmosphère était
tellement remplie de cendres, que tout le
canton, au milieu du jour, fut, durant
plusieurs heures, enveloppé de ténèbres
profondes. On allait dans les rues avec des
lanternes, comme cela arrive si souvent
à Quito, dans les éruptions du Pichincha. Jamais les habitans ne s'étaient en-
fuis en si grand nombre. On redoute bien
moins les torrens de lave qu'une éruption
de cendres, phénomène qui n'y était pas
encore connu à ce degré, et qui, par
la tradition obscure de la manière dont

Herculanum, Pompeii et Stabiæ ont été
détruites, remplit l'imagination des hommes d'images effrayantes.

La vapeur aqueuse et chaude, qui, durant l'éruption, s'élança du cratère et se
répandit dans l'atmosphère, forma, en
se refroidissant, un nuage épais autour de
la colonne de cendres et de feu haute de
9,000 pieds. Une condensation si brusque
des vapeurs, et, comme M. Gay-Lussac
l'a montré, la formation même du nuage,
augmentèrent la tension électrique. Des
éclairs, partis de la colonne de cendres,
se dirigeaient de tous les côtés, et l'on
entendit très distinctement gronder le
tonnerre que l'on distinguait bien du fracas intérieur du volcan. Dans aucune autre éruption, le jeu des forces électriques
n'avait été si étonnant.

Le matin du 26 octobre, un bruit sur-
prennant se répandit : c'est qu'un torrent
d'eau bouillante jaillissait du cratère et
descendait le long de la pente en cône de
cendres. Monticelli, le docte et zélé observateur du volcan, reconnut bientôt
qu'une illusion d'optique avait occasioné
cette rumeur erronée. Le prétendu torrent était un grand tas de cendres sèches,
qui, semblable à du sable mobile, sortait
d'une crevasse du bord supérieur du cratère. Une sécheresse qui répandit la désolation dans les champs, avait précédé
l'éruption du Vésuve ; vers la fin de ce
phénomène, l'orage volcanique qui vient
d'être décrit, occasiona une pluie extrêmement abondante et de longue durée.
Un tel météore caractérise, sous toutes
les zones, la cessation d'une éruption.
Tant que celle-ci dure, le cône de cendres

étant ordinairement enveloppé de nuages,
et les flots de pluie étant les plus forts dans
son voisinage , on voit couler de tous
côtés des torrens de boue. Le cultivateur
effrayé croit que ce sont des eaux qui,
après être remontées du fond du volcan ,
sortent par le cratère. Le géognoste déçu
croit y reconnaître de l'eau de mer , ou
des productions boueuses du volcan, ou ,
suivant l'expression des anciens auteurs
systématiques français, des produits d'une
liquéfaction igno-aqueuse.

Lorsque la cime du volcan, ainsi qu'on
le voit presque toujours dans les Andes ,
s'élève au - dessus de la région des neiges ,
ou atteint a une hauteur double de celle de
l'Etna, la neige, en fondant et en coulant
vers les régions inférieures, y produit
des inondations fréquentes et désastreuses.

Ce sont des phénomènes que les météores
lient aux éruptions des volcans, et que
modifient diversement la hauteur de la
montagne, l'étendue de son sommet couvert de neiges perpétuelles, et l'échauffe-
ment des parois du cône de cendres. Il
s'en faut de beaucoup qu'on puisse les
regarder comme de véritables phénomènes volcaniques; ils n'en sont que les effets. Dans de vastes cavités, tantôt sur la
pente, tantôt au pied des volcans, naissent
des lacs souterrains qui communiquent de
plusieurs manières avec les torrens alpins.
Quand les commotions terrestres qui pré-
cèdent toutes les éruptions ignées dans la
chaîne des Andes, ont ébranlé fortement
toute la masse du volcan, alors les gouf-
fres souterrains s'ouvrent, et il en sort en
même temps de l'eau, des poissons et du tuf
argileux. Tel est le phénomène singulier

qui produit au jour le *pimelodes cyclo-*
pum, poisson que les habitans du plateau
de Quito nomment *prenadilla*, et que j'ai
décrit peu de temps après mon retour.
Lorsqu'au nord du Chimborazo, dans la
nuit du 19 au 20 juin 1698, la cime du
Carguaraizo, montagne haute de 18,000
pieds, s'écroula, toutes les campagnes
des environs, dans une étendue de pres
de deux lieues carrées, furent couvertes
de boue et de poissons. Sept ans auparavant, une fièvre pernicieuse, qui désola
la ville d'Iburra, avait été attribuée à une
semblable éruption de poissons du volcan
d'Imbaburu.

Je rappelle ces faits, parce qu'ils répandent quelque jour sur la différence qui
existe entre les éruptions de cendres sèches, et celles de boue, de bois, de char-

II.　　　　　　　　　13

bon, de coquilles, servant à expliquer les
attérissemens de tuffa et de trass. La
quantité de cendres que le Vésuve a vomies le plus récemment, a été, de même
que toutes les particularités qui tiennent
aux volcans et aux autres grands phénomènes de la nature, propre à inspirer la ter-
reur, excessivement grossie dans les feuilles publiques. Deux chimistes napolitains,
Vicenzo Pepe et Giuseppe di Nobili, ont
même écrit, malgré les assertions con-
traires de Monticelli et de Covelli, que les
cendres contenaient de l'or et de l'argent.
D'après mes recherches, la couche de
cendres tombées pendant douze jours du
côté de Bosche-Tre Case, sur la pente du
cône, dans les endroits où du rapillo s'y
mêlait, ne s'élevait qu'à trois pieds, et
dans la plaine, n'avait tout au plus que
quinze à dix-huit pouces d'épaisseur. Les

mesures de ce genre ne doivent pas s'exé-
cuter dans les lieux où les cendres sont
entassées comme de la neige ou du sable,
par l'effet du vent, ou accumulées par
l'eau, comme du mortier. Ils sont passés
ces temps où, à la manière des anciens,
on ne cherchait dans les phénomènes volcaniques que le merveilleux, ou, comme
Ctésias, on faisait voler la cendre de l'Etna
jusqu'à la presqu'île de l'Inde. Sans doute,
une partie des filons d'or et d'argent du
Mexique se trouve dans un porphyre tra-
chytique; mais la cendre du Vésuve que
j'ai rapportée avec moi, et qu'un excellent chimiste, M. Henri Rose, a bien
voulu analyser, n'offre pas la moindre
trace d'or ni d'argent.

Bien que les résultats que j'expose, et
qui s'accordent parfaitement avec les ob-

servations exactes de Monticelli, diffèrent
beaucoup de ceux que l'on a publiés depuis quelques mois, l'éruption de cendres
du Vésuve, le 24 et le 28 octobre 1822,
n'en est pas moins la plus remarquable
dont on ait une relation authentique depuis la mort de Pline l'Ancier, en l'an 70.
La quantité de cendres tombées alors a été
peut-être trois fois plus considérable que
celle de toutes les éruptions du même
genre que l'on a vues depuis que les phénomènes volcaniques ont été observés
avec attention. Une couche de quinze à
dix-huit pouces d'épaisseur paraît, au premier aperçu, insignifiante en comparaison
de la masse qui recouvre Pompéïi; mais
sans parler des torrens de pluie et des attérissemens qui, depuis des siècles, peuvent avoir accru cette masse, sans rani-
mer la vive discussion qui s'est élevée

au-delà des Alpes, et qui a été conduite avec un grand septicisme sur les causes de la destruction des villes de la Campanie, il est peut-être à propos de rappeler ici que les éruptions d'un volcan à des époques très éloignées les unes des autres, ne peuvent nullement être comparées ensemble pour leur intensité. Toutes les conséquences fondées sur des analogies sont insuffisantes quand elles ont pour objet des rapports de quantité, par exemple, la masse de la lave et des cendres, la hauteur des colonnes de fumée et la force des détonations.

La description géographique du Vésuve, par Strabon, et l'opinion de Vitruve, sur l'origine volcanique de la pierre ponce, nous montrent que jusqu'à l'année de la mort de Vespasien, c'est-à-dire jusqu'à l'é-

ruption qui couvrit Pompéï, cette montagne ressemblait plus à un volcan éteint
qu'à une solfature. Après un long repos,
les forces souterraines s'ouvrirent de nouvelles routes, et pénétrèrent à travers les
couches de roches primitives et trachy-
tiques. Alors durent se manifester des
effets pour lesquels ceux qui suivirent
depuis ne peuvent fournir aucune mesure.
La célèbre lettre dans laquelle Pline le
Jeune raconte à Tacite la mort de son on-
cle, fait voir clairement que le renouvellement des éruptions, et on pourrait
même dire le réveil du volcan endormi,
commença par une explosion de cendres.
La même chose a été observée au Jorullo,
lorsqu'en septembre 1759, le nouveau
volcan perçant les couches de syenite et
de trachyte, s'éleva soudainement dans
la plaine. Les campagnards s'enfuirent,

parce qu'ils trouvèrent sur leurs chapeaux des cendres que la terre avait vomies en s'entr'ouvrant de toutes parts. Au con traire, dans les explosions périodiques et ordinaires des volcans, la pluie de cendres termine chaque éruption partielle. D'ailleurs la lettre de Pline le Jeune renferme un passage qui montre clairement que dès le commencement, sans l'influence d'aucune cause qui les eût entassées, les cendres sèches, tombées d'en haut, avaient atteint une hauteur de quatre à cinq pieds. « La cour, dit Pline le Jeune dans la suite « de son récit, que l'on traversait pour « entrer dans la chambre où Pline re- « posait était si remplie de cendre et de « pierres-ponces, que, s'il eût tardé plus « long-temps à sortir, il eût trouvé l'is- « sue bouchée. » Dans un espace fermé comme celui d'une cour, l'action du vent

qui rassemble les cendres ne peut guère
avoir été très considérable.

J'ai osé interrompre mon examen comparé des volcans par des observations particulières faites sur le Vésuve, tant à cause
du grand intérêt que la dernière éruption
a excité, qu'à cause du souvenir de la
catastrophe de Pompéïi et d'Herculanum
que chaque pluie de cendres considérable
rappelle involontairement à l'esprit. J'ai
réuni dans un supplément tous les élémens
des mesures barométriques et des notices
sur les collections géognostiques que j'ai eu
occasion de faire, vers la fin de 1822, au
Vésuve et dans les champs Phlégreens,
près de Pouzzoles. Cette petite collection,
ainsi que les roches que j'ai rapportées des
monts Euganéens, et celles que M. de
Buch à recueillies dans un voyage à la

vallée de Flemme, entre Cavalèze et Pre-
dazzo , dans le Tyrol méridional , sont
déposés au musée royal de Berlin , éta-
blissement qui , par son utilité , répond
parfaitement aux nobles intentions du
monarque, et dont la partie géognostique,
renfermant des échantillons des régions
les plus éloignées , l'emporte sous ce
rapport sur toutes les collections de ce
genre.

Nous venons de considérer la forme et
l'action des volcans qui sont, par un cratère , en communication constante avec
l'intérieur de la terre. Leurs sommets sont
des masses de trachyte et de lave , soulevées par des forces élastiques, et traver-
sées par des filons. La permanence de leur
action donne lieu de conclure que leur
structure est très compliquée : ils ont pour

ainsi dire un caractère individuel qui reste toujours le même dans de longues périodes. Des montagnes voisines donnent le plus souvent des produits entièrement différens, des laves d'amphigène et de feldspath, de l'obsidienne avec des pierres-ponces, et des masses basaltiques conte-nant de l'olivine. Ils appartiennent aux formations les plus récentes du globe, traversent presque toutes les couches des montagnes secondaires ; leurs éruptions et leurs coulées de lave sont d'une origine plus récente que nos vallées ; leur vie, s'il est permis d'employer cette expression figurée, dépend du mode et de la durée de leur communication avec l'intérieur de la terre. Souvent ils se reposent pen-dant des siècles, se rallument soudaine-ment, et finissent par être des solfatares exhalant des vapeurs aqueuses, des gaz

et des acides. Quelquefois, comme au pic
de Ténériffe, leur sommet est déja devenu
un laboratoire de soufre régénéré. Cependant sortent des flancs de la montagne
de gros torrens de laves basaltiques et li-
thoïdes dans leurs parties inférieures; vi-
trées sous forme d'obsidienne et de pierre-
ponce dans la partie supérieure où la pression est moindre.

Indépendamment de ces volcans pourvus de cratères permanens, il y a une
autre espèce de phénomènes volcaniques,
que l'on observe plus rarement, mais qui
sont surtout instructifs pour la géognosie,
parce qu'ils rappellent le monde primitif,
c'est-a-dire les plus anciennes révolutions
de notre globe. Des montagnes de trachyte, s'ouvrant tout à coup, vomissent de
la lave et des cendres, et se referment peut-

être pour toujours. C'est ce qui est arrivé
au gigantesque Antisana , dans la chaîne
des Andes et au mont Epomée de l'île d'Ischia, en 1302. Une éruption de ce genre a
lieu quelquefois dans les plaines, par exemple, sur le plateau de Quito, en Islande loin
de l'Hecla , en Eubée dans les champs de
Lelantée. Plusieurs îles soulevées soudainement appartiennent à ces phénomènes
passagers. Dans ces cas, la communication
avec l'intérieur de la terre n'est point permanente ; l'action cesse aussitôt que l'ouverture du canal de communication se
ferme de nouveau. Des filons de basalte ,
de dolerite et de porphyre , qui , dans les
diverses zones de la terre, traversent presque toutes les formations , des masses de
syénite , de porphyre pyroxénique et d'a-
mygdaloïde , qui caractérisent les couches
les plus modernes des roches de transition ,

et les couches les plus anciennes des roches
secondaires, ont vraisemblablement été
formées de cette manière. Dans la jeunesse
de notre planète, les substances de l'intérieur, encore fluides, pénétraient à travers
l'enveloppe de la terre crevassée de toutes
parts ; tantôt se condensant comme des
masses de filons à texture grenue, tantôt
s'épanchant en nappe et en coulées strati-
formes. Ce que le monde primitif nous a
transmis de roches volcaniques n'a guère
coulé par bandes étroites comme les laves
sorties des cônes volcaniques qui existent
aujourd'hui. Les mélanges de pyroxène,
de fer titané, de feldspath vitreux, et
d'amphibole, peuvent bien, à diverses
époques, avoir été les mêmes, tantôt plus
rapprochées du basalte, tantôt du trachyte ; les substances chimiques ont pu,
ainsi que nous l'apprennent les travaux

importans de M. Mitscherlich, et l'analogie des produits des hauts fourneaux,
s'être réunies sous une forme cristalline,
d'après des proportions définies. Il n'en est
pas moins vrai que des substances composées de la même manière sont arrivées par
des voies très différentes à la surface de la
terre; soit étant soulevées par des forces
élastiques, soit en s'insinuant par des crevasses dans les strates de roches plus anciennes, c'est-à-dire à travers l'enveloppe déja oxydée de notre planete, soit
en sortant sous la forme de lave de montagnes coniques qui ont un cratère per-
manent. Si on confond ensemble ces phénomènes si différens, on rejette la géognosie des volcans dans l'obscurité, à laquelle un grand nombre d'expériences
comparées à commencé à la soustraire peu
à peu.

On a souvent agité cette question : Qu'est-
ce qui brûle dans les volcans ? qu'est-ce
qui y produit la chaleur par laquelle la
terre et les métaux se fondent et se mêlent ? La nouvelle chimie répond : Ce
qui brûle, c'est la terre, les métaux, les
alcalis même, c'est-à-dire les métalloïdes
de cette substance. L'enveloppe solide déja
oxydée de la terre sépare l'atmosphère
riche en oxygène des principes inflamma-
bles non oxydés qui résident dans l'intérieur de notre planète. Des observations
que l'on a faites sous toutes les zones, dans
les mines et dans les cavernes, et que, de
concert avec M. Arago, j'ai exposées dans
un mémoire particulier, prouvent que,
même à une petite profondeur, la chaleur
de la terre est de beaucoup supérieure à
la température moyenne de l'atmosphère
voisine. Un fait aussi remarquable et pres-

que généralement constaté, se lie à ce que
les phénomènes volcaniques nous apprennent. La Place a même essayé de
déterminer la profondeur à laquelle on
peut regarder la terre comme une masse
fondue. Quelque doute que, malgré le
respect dû à un si grand nom, on puisse
élever contre la certitude numérique d'un
semblable calcul, il n'est pas moins probable que tous les phénomènes volcaniques proviennent d'une seule cause qui
est la communication constante ou passa-
gère entre le dedans et le dehors de notre
planète. Des vapeurs élastiques élèvent,
par leur pression à travers des crevasses
profondes, les substances qui sont en
fusion et qui s'oxydent. Les volcans sont,
pour ainsi dire, des sources intermittentes
de substances terreuses ; les mélanges
fluides de métaux, d'alcalis et de terres, qui

se condensent en courans de lave, coulent doucement et tranquillement, lorsqu'une fois soulevés, ils ont trouvé une issue. C'est de la même manière , d'après le Phædon de Platon , que les anciens se figuraient tous les torrens de feu comme des émanations du Pyriphlégéton.

A ces considérations , qu'il me soit permis d'en ajouter une plus hardie. C'est peut-être dans la chaleur intérieure de la terre, chaleur qu'indiquent les essais tentés par le thermomètre, et les observations faites sur les volcans , que réside la cause d'un des phénomènes les plus étonnans que nous offre la connaissance des pétrifications. Des formes tropicales d'animaux , des fougères arborescentes , des palmiers et des bambusacées sont enterrés dans les régions froides du nord. Partout

II.   14

le monde primitif nous montre une distribution des formes organiques qui est en
contradiction avec l'état actuel des climats. Pour résoudre un problème si important , on a eu recours à un grand
nombre d'hypothèses, telles que l'approche d'une comète , le changement de l'o-
bliquité de l'écliptique , l'augmentation
de l'intensité de la lumière solaire. Aucune
n'a pu satisfaire à la fois l'astronome, le
physicien et le géognoste. Quant à moi,
je laisse l'axe de la terre dans sa position ;
je n'admets point de changement dans le
rayonnement du disque solaire ; changement par lequel un célèbre astronome a
voulu expliquer la fécondité et les mau-
vaises récoltes de nos campagnes ; mais je
crois reconnaître que , dans chaque planète , indépendamment de ses rapports
avec un corps central , et indépendamment

de sa position astronomique, il existe des
causes nombreuses de développement de
chaleur, soit par les procédés chimiques
de l'oxydation, soit par la précipitation et
les changemens de capacité des corps, soit
par l'augmentation de la tension éleotro-
magnétique, soit par la communication
entre les parties intérieures et extérieures
du globe.

Lorsque, dans le monde primitif, la
croute de la terre profondément crevassée exhalait de la chaleur par ces ouvertures, peut-être durant plusieurs siècles,
des palmiers, des fougères arborescentes,
et les animaux des zones chaudes, ont vécu
dans de vastes étendues de terrain. Depuis cette manière d'envisager les choses,
que j'ai déja indiquée dans mon ouvrage
intitulé *Essai géognostique sur le gise-*

ment des roches dans les deux hémisphè-
res * ; la température des volcans serait la
même que celle de l'intérieur de la terre,
et la même cause qui aujourd'hui produit
des ravages si épouvantables, aurait pu
jadis faire sortir, sous chaque zone de l'enveloppe de la terre nouvellement oxydée, et des couches de rochers profondément crevassées, la végétation la plus
riche.

Si, pour expliquer la distribution des
formes tropicales enfouies dans les régions
boréales, on veut supposer que des éléphans à long poil, aujourd'hui ensevelis
sous les glaçons, furent originairement
indigènes des climats du nord, et que des
formes semblables au même type princi-

---

* Paris, 1823, 1 vol. in-8°.

pal, tel que celui des lions et des lynx,
ont pu vivre à la fois dans des climats très
différens, ce mode d'explication ne pourrait cependant pas s'appliquer aux productions végétales. Par des causes que la
physiologie végétale développe, les palmiers, les bananiers, les monocotylédones
arborescentes ne peuvent supporter les
froids du nord ; et dans le problème géognostique que nous examinons ici, il me
paraît difficile de séparer les plantes des
animaux ; la même explication doit em-
brasser les deux formes.

J'ai, à la fin de ce mémoire, ajouté aux
faits recueillis dans les contrées les plus
éloignées les unes des autres, des supposi-
tions purement hypothétiques et peu certaines. L'étude philosophique de la nature
s'élève au-dessus des besoins de l'histoire na-

turelle descriptive; elle ne consiste pas dans l'accumulation stérile d'observations iso-lées. Qu'il soit quelquefois permis à l'esprit curieux et actif de l'homme de s'élancer du présent dans l'avenir, de deviner ce qui ne peut pas être encore connu claire-rement, et de se plaire aux mythes géo-gnostiques de l'antiquité, qui se repro-duisent, de nos jours, sous des formes diverses.

ÉCLAIRCISSEMENS

ET

ADDITIONS.

ÉCLAIRCISSEMENS

ET

ADDITIONS

(1) M. le professeur Oltmanns a calculé
de nouveau mes mesures barométriques
du Vésuve, prises le 22 et le 25 novem-
bre, et le 1ᵉʳ décembre 1822, et en a
comparé le résultat avec celui que m'ont
donné les mesures qui m'ont été commu-
niquées en manuscrit par lord Minto et
par MM. Visconti, Monticelli, Brioschi
et Poulett Scrope.

A. *Rocca del Palo,* bord le plus haut
du cratère du Vésuve, du côté du nord.

toises.

Saussure , en 1773. Probablement d'après la
formule de Deluc.... 609

Poli........ 1794. Mesure barométrique.. 606

Breislak. ... 1794. — barométrique : mais
de même que pour celle
Poli, on ne sait pas avec
certitude d'après quel-
le formule.......... 613

Gay-Lussac.. ⎫ 1805. D'après la formule de
De Buch.... ⎬   Laplace ; de même
Humboldt... ⎭   que tous les résultats
suivans........... 603

Brioschi..... 1810. — trigonométrique... 638

Visinti..... 1816. — trigonométrique... 622

Lord Minto.. 1822. — barométrique , souvent répétée........ 621

Poulett Scrope. 1822. — un peu incertaine, à
cause du rapport in-
connu entre le diamè-
tre du tube et de la
cuvette..... 604

Monticelli.. ⎫
Covelli..... ⎭ 1822............ 624

Humboldt.... 1822................... 629

Resultat final le plus vraisemblable, 317 toises au-dessus de l'ermitage, ou 625 toises au-dessus de la mer.

B. *Bord le plus bas du cratère*, vers le sud-est, vis-à-vis de Bosco Trè Case.

Après l'éruption de 1794, ce bord devint de 400 pieds plus bas que la Rocca del Palo, par conséquent si on estime à 625 toises la hauteur de celle-ci, celle de ce bord sera de.... 559

Gay-Lussac.. ⎫
De Buch.... ⎬ 1805................... ... 554
Humboldt... ⎭

Humboldt... 1822................... ... 546

C. *Hauteur du cône de Scories*, qui s'écroula dans le cratère le 22 octobre 1822.

Lord Minto.. Mesure barométrique....... 650

D. *Punta Nasone*, cime la plus haute du Somma.

E. *Plaine del Atrio del Cavallo.*

F. *Pied du cône de cendres.*

G. *Ermitage del Salvatore.*

GAY-LUSSAC.. ⎫
DE BUCH.... ⎬1805.................... 3oo
HUMBOLDT... ⎭
LORD MINTO.. 1822................. 3o8,9
HUMBOLDT... 1822................. 3o7,7

Une partie de mes mesures a été impri-
mée dans l'ouvrage de M. Monticelli, intitulé : *Storia del Vesuvio,* 1821-1823,
p. 115; mais la correction peu exacte de l'é-
tat du mercure dans le baromètre à cuvette
a un peu modifié les hauteurs. Quand on
fera réflexion que les résultats des tables
précédentes ont été obtenus avec des baromètres de constructions dissemblables
à différentes heures du jour, par des vents
soufflant de points divers de l'horizon et
sur la pente d'un volcan inégalement
échauffée, et où la diminution de la tempé-

rature de l'atmosphère s'éloigne beaucoup
de celle que nos formules barométriques
supposent, on trouvera leur accord suffisant. Mes mesures de 1822 sont faites avec
plus de soin, et dans des circonstances plus
favorables que celles de 1805. Les différences de hauteur sont naturellement pré-
férables aux hauteurs absolues. Cette différence démontre de la manière la plus
incontestable, que , depuis 1794, le rapport entre les bords, à la Rocca del Palo,
et ceux du côté de Bosco tre Case, est resté
à peu près le même. En 1805, j'ai trouvé
juste 69 toises ; en 1822 presque , 82.
L'excellent géognoste, M. Poulett Scrope,
trouva 74 toises , quoique ces hauteurs
absolues des deux cratères lui parussent
un peu trop faibles. Un changement si
peu considérable dans une période de
vingt-huit ans, au milieu d'ébranlemens

si violens dans l'intérieur du cratère, est
certainement un phénomène frappant. La
hauteur à laquelle atteignit le cône de
scories qui s'était élevé du fond du cratère du Vésuve, mérite également une attention particulière. En 1776, Shuckburgh
trouva que l'élévation de ce cône était de
615 toises au-dessus du niveau de la mer.
D'après les mesures du lord Minto, observateur généralement exact, le cône de scories, qui s'écroula le 22 octobre 1822, était
haut de 650 toises. Quand on compare ensemble les mesures de la Rocca del Palo,
depuis 1773 jusqu'en 1822, on est involontairement porté à faire la supposition
hardie, que le bord septentrional du cratère a été graduellement soulevé par les
forces souterraines. L'accord des trois mesures entre 1773 et 1805 est presque aussi
surprenant que celui des mesures entre

1816 et 1822. Dans la dernière période ,
il n'y a pas de doute à élever sur la hauteur de 621 à 629 toises. Les mesures qui,
trente et quarante ans. auparavant, ne
donnaient que 606 à 609 toises, seraient-
elles moins certaines ? Dans un temps
futur, mais éloigné , on pourra être en
état de décider ce qui tient aux défectuo-
sités des mesures, ou au soulèvement du
bord du cratère. L'entassement de masses
roulées d'en haut n'a pas lieu dans cet
endroit. Si les couches de laves trachy-
tiques de la Rocca del Palo s'élèvent réellement , on doit penser qu'elles sont ex-
haussées par dessous.

Mon excellent ami M. Holtmanns a
présenté au public le détail de toutes les
mesures, et l'a accompagné de sa critique
dans les *Schriften der Kœnigl. Académie*

der Wissenschaften zu Berlin (Jahr 1822
und 1823. — S. 30 — 20).

Puisse ce travail exciter les géognostes
à examiner le plus accessible des volcans,
le Vésuve, dans ses périodes de développe-
 pement.

(2) Léopold de Buch, Notice sur le pic
de Ténériffe, dans la *Physikalische Be-
schreibung der Canarischen Inseln*, 1825
(p. 213) , et dans les *Abhandlungen
der Kœnigl. Academie zu Berlin* , 1820
(p. 99.)

———

II. 15

LA FORCE VITALE,

ou

LE GENIE DE RHODES.

LA
FORCE VITALE,

ou

LE GÉNIE

DE RHODES *.

Les Syracusains, comme les Athéniens,
avaient leur Pœcile. Des images de dieux
et de héros, des ouvrages des arts de la
Grèce et de l'Italie, ornaient les diverses
salles du portique. La foule du peuple le
remplissait constamment; les jeunes guer-

---

* Tiré de *Horen*, journal littéraire, publié par
Schiller, 1795, n° 4.

riers, pour y contempler les exploits de leurs ancêtres; les artistes, pour y étudier les chefs-d'œuvre des grands maîtres. Parmi les tableaux innombrables que le zèle actif des Syracusains avait apportés de la métropole, il y en avait un surtout qui, depuis un siècle, attirait l'attention des passans. Quelquefois le Jupiter Olympien, Cécrops, fondateur des villes, le courage héroïque d'Harmodius et d'Aristogiton, manquaient d'admirateurs, tandis que le peuple se pressait en rangs serrés autour de ce tableau. D'où venait donc cette préférence? Etait-ce un ouvrage d'Apelle échappé à l'injure des temps, ou était-il dû à l'école de Callimaque * ? Non : l'agrément et la grace se montraient,

---

* *Cacizetchnos.* Pline, *Hist. Nat.*, xxxiv, 19, 12, 35.

il est vrai, dans ce tableau ; mais pour la
fonte des couleurs, le caractère et le style
de l'ensemble, il ne pouvait entrer en
comparaison avec beaucoup d'autres tableaux du Pécile.

Le peuple regarde avec étonnement et
admire ce qu'il ne comprend pas ; et cette
sorte de peuple est très nombreuse. Ce
tableau était en place depuis un siècle ;
mais, quoique la culture des arts fût plus
développée à Syracuse que dans tout le
reste de la Sicile, personne n'avait pu deviner le sens de ce morceau de peinture.
On ne savait pas même avec précision
dans quel temple il avait été autrefois,
car on l'avait retiré d'un navire échoué,
et les marchandises dont celui-ci était
chargé, avaient seules fait connaître qu'il
venait de Rhodes.

Sur le premier plan du tableau, on
voyait des jeunes gens et des jeunes filles
réunis en groupes serrés. Tous ces per-
sonnages étaient sans vêtement, et d'une
grande perfection de forme, mais n'a-
vaient pas la taille élancée que l'on admire dans les statues de Praxitèle et d'Al-
camène. Leurs membres robustes, qui
portaient des traces d'efforts pénibles,
l'expression toute humaine de leurs désirs
et de leurs chagrins, semblaient les dé-
pouiller de tout caractère céleste ou divin,
et les enchaîner à leur séjour terrestre.
Leur chevelure était simplement ornée de
feuillages et de fleurs des champs. Ils se
tendaient les bras les uns aux autres,
comme pour témoigner le désir ; mais
leur regard était dirigé vers un génie
qui, entouré d'une lumière éclatante, planait au milieu de ces groupes. Un pa-

pillon était placé sur son épaule ; de la
main droite il tenait un flambeau allumé.
Ses formes étaient enfantines, arrondies,
son regard était animé d'un feu céleste.
Il contemplait en maître les jeunes gens et
les jeunes filles qui étaient à ses pieds. On
ne distinguait d'ailleurs rien de caractéristique dans le tableau. Quelques personnes
croyaient remarquer en bas les lettres ζ et
ω, et l'on en prenait occasion , car les antiquaires d'alors n'étaient pas moins hardis
que ceux d'aujourd'hui , d'en composer
d'une manière très peu heureuse le nom
d'un Zénodore , peintre qui , par consé-
séquent , aurait été l'homonyme de l'artiste qui plus tard fondit le colosse de
Rhodes.

Cependant le génie rhodien , c'est ainsi
qu'on appelait le tableau mystérieux, ne

manquait pas de commentateurs dans Syracuse. Les amateurs des arts, notamment les plus jeunes, lorsqu'ils revenaient
d'un voyage fait rapidement à Corinthe
ou à Athènes, auraient cru être obligés
de renoncer à toute prétention à la connaissance des arts, s'ils ne s'étaient pas
présentés avec une explication nouvelle.
Quelques-uns regardaient le génie comme
l'expression de l'amour spirituel, qui in-
terdit la jouissance des plaisirs des sens;
d'autres croyaient que c'était l'image de
l'empire de la raison sur les désirs. Les plus
sages se taisaient, présumaient quelque
chose de sublime, et examinaient avec
plaisir, dans le Pœcile, la composition simple du tableau.

Cependant la chose restait toujours in-
décise. Le tableau avait été copié avec de

nombreuses additions, imité en bas-relief,
et envoyé en Grèce, sans que l'on eût pu
obtenir le moindre éclaircissement sur
son origine, lorsqu'un jour, à l'époque
du lever des Pléiades, la navigation de la
mer Egée, venant de se rouvrir, des navires de Rhodes entrèrent dans le port de
Syracuse. Ils apportaient un trésor de
statues, d'autels, de candélabres et de tableaux, que les Denys, par amour des
arts, avaient fait rassembler en Grèce.
Parmi les tableaux, il y en avait un qui paraissait être le pendant du génie rhodien.
Il était de la même dimension, d'un coloris semblable, mais les couleurs en étaient
mieux conservées. Le génie était également au milieu de la composition, mais
il n'avait pas de papillon sur l'épaule; sa
tête était penchée; il tenait son flambeau
renversé vers la terre; les jeunes gens et

les jeunes filles s'embrassaient étroitement ; leur regard n'était plus ni triste ni
soumis ; il annonçait qu'ils avaient recon-
quis leur liberté.

Déja les antiquaires syracusains cher-
chaient à modifier leurs précédentes explications, afin qu'elles pussent s'adapter
à ce nouveau tableau, lorsque le tyran
ordonna de le porter dans la maison d'Épicharme. C'était un philosophe de l'école de
Pythagore. Il demeurait dans le quartier
éloigné qu'on nommait Tyché. Il allait
rarement à la cour de Denys, non que ce
tyran n'appelât autour de lui les hommes
de talens de toutes les colonies de la Grande-
Grèce ; mais parce que la fréquentation des
princes ôte le plus souvent aux talens une
partie de leur charme. Épicharme s'occupait sans relâche de l'étude de la nature,

de ses forces, de l'origine des plantes et
des animaux et des lois harmoniques d'a-
près lesquelles tous les corps planétaires ,
comme les flocons de neige et les grains
de grêle, prennent la forme sphérique en
se mouvant sur eux-mêmes. Comme il
était accablé par l'âge, il se faisait tous
les jours conduire au Pécile, et de là à
Ortygie, à l'entrée du port où, selon son
expression, ses yeux lui donnaient une
image de l'infini, à laquelle son esprit
s'efforçait en vain d'atteindre. Il était res-
pecté du peuple et même des tyrans ; il
évitait ceux-ci, et se rapprochait volontiers
de l'autre.

Epicharme , épuisé de fatigue , était
sur son lit de repos , lorsque le nouveau
tableau lui arriva de la part de Denys. On
avait eu soin également de lui apporter

une copie exacte du génie rhodien. Le philosophe les fit donc placer tous les deux
devant lui ; après avoir tenu long-temps
les yeux fixés sur ces deux peintures, il
appela ses disciples, et d'une voix émue
leur parla ainsi :

« Ouvrez le rideau de la fenêtre, afin
« que je jouisse encore une fois du coup-
« d'œil de la terre animée. Pendant soixante
« ans j'ai réfléchi sur les mobiles intérieurs
« de la nature et sur la différence des
« substances ; aujourd'hui pour la pre-
« mière fois, le génie rhodien me fait voir
« clairement ce que je ne faisais qu'entre-
« voir confusément. Si de l'union des
« êtres vivans, il résulte un effet salu-
« taire et fécond, de même, dans la na-
« ture inorganique, la substance brute est
« mue par des impulsions semblables.

« Même dans la nuit du chaos, les prin-
« cipes se rapprochaient ou se fuyaient,
« selon que l'amitié ou l'inimitié exerçaient
« leur pouvoir. Le feu céleste suit le mé-
« tal, l'aimant le fer : le succin frotté
« enlève des substances légères : la terre
« se mêle avec la terre : le sel se sépare
« de l'eau de mer évaporée : l'acide du
« suptæria * tend à s'unir à l'argile. Tout,
« dans la nature inanimée, s'empresse de
« s'unir d'après des lois particulières. Il en
« résulte qu'aucun principe terrestre , et
« qui oserait compter la lumière parmi
« eux, ne se trouve dans sa simplicité pri-
« mitive. Tout, depuis son origine, tend
« à former de nouvelles unions, et l'art de
« l'homme peut seul séparer et présenter

---

* L'alun, l'acide sulfurique, déja connu des
anciens.

« isolément ce que vous cherchez inuti-
« lement dans l'intérieur de la terre , et
« dans les océans mobiles de l'eau et de
« l'air. Dans la matière morte et inorga-
« nique, le repos absolu règne aussi long-
« temps que les liens de l'affinité ne sont
« pas rompus , aussi long-temps qu'une
« troisième substance ne pénètre pas pour
« se joindre aux autres. Mais même à
« cette lutte succède de nouveau un repos
« infécond.

« Ce n'est pas ainsi qu'opère le mélange
« des principes qui constituent le corps des
« animaux et des plantes. C'est là que la
« force vitale exerce impérieusement ses
« droits ; elle ne s'inquiète nullement de
« l'amitié ni de l'inimitié des atomes ad-
« mis par Démocrite ; elle réunit des sub-
« stances qui, dans la nature inanimée ,

« se fuient éternellement, et sépare celles
« qui s'y cherchent sans cesse.

« Rapprochez-vous de moi, mes chers
« disciples ; reconnaissez dans le génie
« rhodien, dans l'expression de sa force
« unie à la jeunesse, dans le papillon sur
« son épaule, dans le regard imposant de
« ses yeux, le symbole de la force vi-
« tale qui anime chaque germe de la
« création organique. A ses pieds, les élé-
« mens terrestres tendent simultanément à
« suivre leurs penchans propres et à s'unir
« les uns aux autres. Le génie, tenant en
« l'air son flambeau allumé, leur com-
« mande d'un air menaçant, et les con-
« traint, sans égard pour leurs antiques
« droits, de suivre ses lois.

« Maintenant considérez le nouveau ta-

« bleau que le tyran m'a envoyé pour l'ex-
« pliquer : portez vos yeux de l'image de
« la vie sur l'image de la mort. Le papil-
« lon s'est envolé, le flambeau renversé
« est éteint, la tête du jeune homme est
« baissée, l'esprit s'est enfui vers la région
« céleste, la force vitale est anéantie. Les
« jeunes gens et les jeunes filles se tien-
« nent par la main ; les substances ter-
« restres exercent leurs droits. Dégagées
« de leurs entraves, elles suivent avec
« impétuosité, après une longue priva-
« tion, l'impulsion qui les porte à s'unir :
« le jour de la mort est pour elles un jour
« de fête nuptiale.

« C'est ainsi que la matière inerte, ani-
« mée par la force vitale, a passé, par
« une suite innombrable d'espèces; et dans
« la meme substance qui a peut-être en-

« veloppé l'esprit divin de Pythagore , un
« misérable ver avait joui de l'existence
« d'un moment.

« Va , Polyklès , dire au tyran ce que
« tu viens d'entendre ; et vous , mes chers
« Phradman , Scopus et Timokles , rap-
« prochez-vous encore plus de moi. Je
« sens que la force vitale affaiblie ne
« domptera pas long-temps en moi la sub-
« stance terrestre ; elle réclame son an-
« tique liberté. Conduisez-moi encore une
« fois au Pœcile, et de là sur le rivage de
« la mer; bientôt vous recueillerez mes
« cendres. »

TABLE

DES MATIÈRES.

———

TOME PREMIER.

———

TOME SECOND.

FIN DE LA TABLE.

Printed in the United States
By Bookmasters